HISTOIRE NATURELLE

DU

MORBIHAN.

CATALOGUES RAISONNÉS

DES

PRODUCTIONS DES TROIS RÈGNES DE LA NATURE

RECUEILLIES DANS LE DÉPARTEMENT.

Publiés sous les auspices de la Société polymathique.

VANNES

IMPRIMERIE DE L. GALLES, RUE DE LA PRÉFECTURE.

1867.

HISTOIRE NATURELLE

DU MORBIHAN.

HISTOIRE NATURELLE DU MORBIHAN.

BOTANIQUE.

DES

PLANTES PHANÉROGAMES

OBSERVÉES DANS LE DÉPARTEMENT.

Par M. ARRONDEAU

Inspecteur de l'Académie, ancien Président de la Société polymathique.

1867

PROLÉGOMÈNES.

La *Flore du Morbihan*, publiée en 1852 par M. Legall, est le premier ouvrage qui ait fait connaître dans son ensemble la végétation de notre département. Depuis cette époque, la publication de la *Flore de l'Ouest* par M. Lloyd, les patientes investigations continuées par M. Taslé, et les recherches auxquelles je me suis livré moi-même, depuis dix ans, ont contribué à compléter les données acquises sur la connaissance et la répartition des espèces qui composent la Flore du Morbihan.

D'une part, les recherches étendues à des localités inexplorées ont amené des découvertes nouvelles, et nous ont conduit à préciser le degré de fréquence ou de rareté des espèces connues. De l'autre, l'étude d'un plus grand nombre d'objets de comparaison nous a permis de constater la présence, dans nos limites, d'un bon nombre de ces formes litigieuses élevées au rang d'espèces par les travaux des botanistes les plus récents. C'est particulièrement dans les genres *Erophila*, *Rosa*, *Rubus*, *Heracleum*, *Hieracium*, *Euphrasia*, *Polygonum* qu'il nous a été donné de reconnaître ces types nouveaux distingués par les observations de MM. Jordan, Boreau et de quelques autres botanistes de la même école. En suivant la même voie, j'ai moi-même été conduit à nommer quelques formes qui m'ont paru suffisamment distinctes, et que j'ai déjà fait connaître dans le Bulletin de la Société Polymathique.

Assurément, je n'ai pas la prétention de vider ici la question si controversée de la valeur que l'on doit accorder à ces espèces nouvelles. Evidemment, le problème ne pourra être résolu que lorsque tout le monde sera d'accord sur la définition de l'espèce, et lorsque l'expérience aura prononcé sur la persistance des caractères considérés comme distinctifs. Mais il me semble qu'il est du devoir des botanistes, voués à des études locales, de constater avec soin l'existence des formes constantes qui se montrent dans leur canton. C'est en recueillant des faits bien établis qu'ils fourniront des matériaux à la connaissance exacte et à la détermination précise des véritables types spécifiques.

J'ai donc distingué, dans ce catalogue, toutes les formes que j'ai pu reconnaître d'une manière certaine, adoptant les noms qui leur ont été imposés, et renvoyant, pour leur description, à l'excellente *Flore du Centre*, de M. Boreau.

De l'ensemble de ces études, il résulte que, même en laissant de côté les acotylédones vasculaires, qui trouveront leur place naturelle dans la cryptogamie, j'ai pu cependant inscrire environ 1,300 espèces dans le présent catalogue.

On comprend facilement que toutes ces plantes ne sont pas également répandues sur les différents points de notre territoire. On peut, à cet égard, diviser le département en deux régions qui présentent de notables différences sous le rapport de la végétation : le plateau intérieur qui comprend la plus grande partie du territoire, et la zône maritime qui le borde au sud. Cette dernière région, quoique la moins étendue, offre une bien plus grande variété que l'autre, et c'est là qu'il faut chercher, outre les plantes maritimes proprement dites, un grand nombre d'espèces qui sont habituellement considérées comme spéciales aux terrains calcaires, ou comme appartenant à des provinces plus méridionales.

En dehors de la zône maritime, la végétation présente, en général, un grande monotonie qu'expliquent suffisamment l'uniformité du terrain et l'étendue des landes incultes librement parcourues par le bétail. Ce n'est que dans les bosquets ombragés, le long des cours d'eau, dans les terrains tourbeux, et spécialement dans la région montagneuse qui limite le département au nord, que l'on rencontre un certain nombre d'espèces moins triviales, et, particulièrement, quelques plantes caractéristiques de la végétation des provinces occidentales et même de celle des basses montagnes.

Une excursion, sur un point quelconque de nos côtes, suffit pour donner une idée de notre flore maritime. Sur les parties vaseuses du rivage on trouve presque partout les *Statice*, les *Salicornia*, les *Triglochin*, *Aster Tripolium*, *Plantago maritima*, *Juncus maritimus*, *Polypogon Monspeliensis*, *Spartina stricta*, etc. Dans les sables et sur les rochers, les *Cochlearia*, *Spergularia marina* et *marginata*, *Adenarium peploides*, *Silene maritima*, *Glaux maritima*, *Galium arenarium*, *Linaria arenaria*, *Inula crithmoides*, *Crithmum maritimum*, *Apium graveolens*, les *Atriplex*, *Euphorbia Paralias* et *Portlandica*, etc.

Parmi les localités où l'on peut faire une plus riche moisson, j'indiquerai d'abord les rives de la Vilaine, depuis le passage de Tréhiguier jusqu'à son embouchure. Là, on peut récolter en abondance, *Linum angustifolium*, *Malva nicæensis*, *Trifolium strictum*, *Bocconi*, *ochroleucum* et *angustifolium*, *Spiræa Filipendula*, *Tordylium maximum*, *Peucedanum officinale*, *Anthemis mixta*, *Euphorbia esula*, *Ornithogalum sulfureum*, *Polypogon maritimus*, *Aira canescens*, etc.

Une excursion dans la presqu'île de Rhuys, aux environs de Sarzeau et de Saint-Gildas fournira *Ranunculus ophioglossifolius*, *Mathiola sinuata*, *Diplotaxis viminea*, *Sagina ambigua*, *Arenaria montana*, *Althæa officinalis*, *Trigonella ornithopodioides*, *Hippuris vulgaris*, *Scolymus hispanicus*, *Linaria pelisseriana*, *Butomus umbellatus*, *Ophioglossum vulgatum*, etc.

La presqu'île de Quibéron offre également, dans ses dunes et ses falaises, un champ fertile en plantes arénicoles. On y peut cueillir *Dianthus gallicus*, *Rosa pimpinellifolia* Var. *nana*, *Medicago marina*, *Trifolium suffocatum*, *Diotis candidissima*, *Helychrysum Stæchas*, *Eryngium maritimum*, *Buplevrum aristatum*, *Euphrasia tetraquetra*, *Convolvulus soldanella*, *Omphalodes littoralis*, *Epipactis palustris*, *Calamagrostis arenaria*, etc.

Sans s'éloigner beaucoup de Vannes, on pourra récolter à Séné le curieux *Eryngium viviparum*, à l'automne ; les moissons offriront *Prismatocarpus hybridus*, *Lathyrus hirsutus* et *angulatus*, *Filago lutescens*; on trouvera, à Cantizac, le *Statice bahusiensis*, sur le rivage, et le *Ranunculus triphyllos* au bord de l'étang.

Mais c'est à Belle-île, seulement, qu'on peut espérer de rencontrer *Mathiola incana*, *Arabis sagittata*, *Tolpis umbellata*, *Chlora perfoliata*, *Bartsia bicolor*, *Linaria radicans*, *Erica vagans*, *Plantago subulata*, *Ophrys apifera*, *Gladiolus illyricus*, etc., avec toutes les espèces propres à nos rivages.

Les landes et les lieux marécageux de l'intérieur offriront, suivant la saison, les *Ranunculus tripartitus*, *Lenormandi* et *ololeucos*, *Viola lancifolia*, *Stellaria oliginosa*, *Sedum anglicum*, *Erica ciliaris* et *tetralix*, *Pinguicula lusitanica*, *Gentiana pneumonanthe*, *Microcala filiformis*, *Agrostis setacea*, *Aira uliginosa*, etc.

Si, de la gare de Questembert, on se dirige, au printemps, vers la vallée de l'Ars, en suivant la route de Molac, on trouve *Comarum palustre* et *Myrica gale*, dans les marécages, sur la gauche de la route ; puis, après avoir passé la rivière, le vallon profond que longe la route offre presque toutes les plantes que nous trouvons dans des localités analogues : *Aquilegia vulgaris*, *Lychnis diurna*, *Melittis melissophyllum*, *Galeobdolon luteum*, *Phyteuma spicatum*, *Orchis viridis*, etc.

De la station de Malansac on peut gagner Rochefort où l'on récoltera *Helianthemum umbellatum* et *Astrocarpus purpurascens* sur les grandes roches schisteuses qui bordent, à la sortie de la ville, la route de Malestroit.

Au reste, le soin que j'ai pris d'indiquer la station des plantes rares, dirigera les recherches des botanistes qui voudraient récolter eux-mêmes nos espèces les plus intéressantes. Pour faciliter l'usage du catalogue, j'ai suivi fidèlement la nomenclature et l'ordre adoptés dans la *Flore du Centre* de M. Boreau, et j'ai indiqué le numéro sous lequel chaque espèce est décrite dans ce livre devenu classique. On pourra ainsi prendre une connaissance exacte de toutes les plantes dont l'existence a été constatée dans nos limites. J'ai pu aussi, par ce moyen, me dispenser de donner la synonymie qui m'aurait semblé déplacée dans un travail du genre de celui-ci : j'ai seulement cru devoir citer exactement les deux ouvrages qui ont traité spécialement de nos plantes, la *Flore du Morbihan*, par M. Legall (1852), et la *Flore de l'Ouest*, par M. Lloyd (1854).

Les noms des espèces nouvelles ou peu connues sont seuls suivis de quelques mots de description. Pour les autres, je me suis borné à indiquer la station, le degré de fréquence ou de rareté, à l'aide des signes conventionnels généralement adoptés, et les principales localités où ont été observées les plantes rares ou peu communes.

Vannes, 15 janvier 1867.

NOTA. Les plantes énumérées dans le présent catalogue sont presque toutes représentées dans l'*Herbier départemental* qui fait partie des collections de la Société polymathique, et qui a été composé, en grande partie par les soins de M. Taslé.

CATALOGUE

DES PLANTES PHANÉROGAMES

DU DÉPARTEMENT DU MORBIHAN.

Classe première. — DICOTYLÉDONES.

Sous-classe I. — THALAMIFLORES.

Fam. 1. — RENONCULACÉES.

Clematis L.

C. Vitalba L. Bor. fl. cent. n° 1 ; Leg. fl. Morb. p. 2; Lloyd. fl. Ouest, p. 2. Haies, buissons. PC. — Baud, Ploërmel, Vannes.

Thalictrum L.

T. flavum L. Bor. n° 13; Leg. p. 3 et 797; Ll. p. 2. Prairies humides. RR. — Étel, Saint-Perreux.

Anemone L.

A. nemorosa L. Bor. n° 19; Leg. p. 4; Ll. p. 3. Bois, prés couverts. AC. — Monterblanc, Saint-Nolf, Elven, Plœren, Auray, etc., Gourin et Roudouallec, où elle est encore en fleurs au milieu du mois de mai, dans les bois de la montagne Noire.

Myosurus L.

M. minimus L. Bor. nº 25; Leg. p. 4; Ll. p. 4. Champs humides sur le littoral. R. — Séné, Sarzeau, Étel, Gâvre, Houat et Hœdic.

Ranunculus L.

A. — Fleurs blanches.

R. hederaceus L. Bor. nº 27; Leg. p. 10; Ll. p. 5. Sources, ruisseaux, C.

R. Lenormandi Sch. Bor. nº 28; Leg. p. 9; Ll. p. 5. Mares, petits ruisseaux, C.

R. tripartitus Dec. Bor. nº 29; Leg. p. 8; Ll. p. 6. Fossés, eaux tranquilles, AC. — Vannes, Arradon, Auray, Port-Louis, etc.

R. ololeucos Lloyd. Bor. nº 30; Ll. p. 5; *R. tripartitus* Var. *obtusiflorus* Leg. p. 9. Fossés, ruisseaux, R. — Vannes, Elven, Pluherlin, etc.

R. Baudotii Godr. Bor. nº 31; Leg. p. 798; Ll. p. 7. Eaux saumâtres, RR. — Pénestin (Lloyd).

R. triphyllos Walr. Bor. nº 33. Eaux saumâtres, RR. — Séné, étang de Cantizac.

R. aquatilis L. Bor. nº 36; Leg. p. 5 et 797; Lloyd, p. 6. Mares, étangs, ruisseaux, rivières, CC. Plante présentant, pour la forme des feuilles supérieures, de nombreuses variétés dont les principales sont :

firmifolius Leg. p. 797 ; mares à Conlo ;
peltatus ;
truncatus ; forme des eaux courantes ;
incisus ; feuilles flottantes profondément découpées ;
succulentus ; forme des lieux asséchés ;
homoiophyllus ; feuilles toutes multifides.

R. trichophyllus Chaix. Bor. nº 38; Ll. p. 7; *R. capillaceus* Leg. p. 7 et 797. Mares et fossés de la région maritime, R. — Coëtsurho, Sarzeau, Quibéron, Plouhinec, Belle-île.

B. — Fleurs jaunes.

R. lingua L. Bor. n° 45; Leg. p. 11; Ll. p. 10. Marais, RR. — Plaisance près Vannes, Lannenec en Plœmeur, Lanvaux, Saint-Jacut.

R. flammula L. Bor. n° 46; Leg. p. 10; Ll. p. 9. Lieux humides. CC. — Varie à tige radicantes, *R. reptans* Thuil.

R. ophioglossifolius Vill. Bor. n° 47; Leg. p. 800; Ll. p. 9. Fossés, lieux inondés. RR. — Sarzeau, étang de Roh-Haliguen.

R. auricomus L. Bor. n° 49; Leg. p. 12; Ll. p. 11. Bois, lieux couverts. AR. — Taillis de l'Oyon près Vannes, Lanvaux, Pontcallec.

R. Steveni Andrz. Bor. n° 51; *R. acris* Jord. Ll. p. 12. Prés et pelouses. RR. — Plante importée dans l'enclos de Penboch en Arradon.

R. borœanus Jord. Bor. n° 55; Ll. p. 11; *R. acris* Leg. p. 12 et 799. Prairies, bord des chemins. CC.

R. nemorosus Dec. Bor. n° 58; Leg. p. 13; Ll. p. 12. Bois. RR. — Camors, le Plessis près Auray.

R. repens L. Bor. n° 60; Leg. p. 13; Ll. p. 12. Prés, lieux frais. CC.

R. bulbosus L. Bor. n° 61; Leg. p. 14; Ll. p. 13. Prés, bois, bord des chemins. CC.

R. chœrophyllos L. Bor. n° 62; Leg. p. 12; Ll. p. 11. Talus, pelouses sèches. C. surtout dans la région maritime.

R. sceleratus L. Bor. n° 65; Leg. p. 11; Ll. p. 10. Fossés, lieux fangeux surtout du littoral. AC.

R. philonotis Ehrh. Bor. n° 66; Leg. p. 14; Ll. p. 13. Champs humides, lieux inondés pendant l'hiver. C.

R. parviflorus L. Bor. n° 67; Leg. p. 15; Ll. p. 13. Talus, bord des chemins. AC. sur le littoral; R. à l'intérieur. — Josselin.

R. arvensis L. Bor. n° 68; Leg. p. 15; Ll. p. 13. Moissons. RR. — Auray, Ambon, Belle-île.

Ficaria Vill.

F. ranunculoïdes Mœnch. Bor. nº 69; Leg. p. 16; Ll. p. 14. Haies, champs humides, prairies. CC.

F. ambigua. Bor. nº 70. Champs humides du littoral. R.—Séné.

Caltha L.

C. palustris L. Bor. nº 72; Leg. p. 16; Ll. p. 14. Marécages, ruisseaux. RR. — Limerzel, Guidel, Saint-Perreux, Béganne.

Aquilegia L.

A. vulgaris L. Bor. nº 83; Leg. p. 17; Ll. p. 17. Lisière des bois, haies des prés. AR. — Muzillac, Nivillac, Plœren, Saint-Nolf, Molac, Port-Louis, Gourin, etc.

Delphinium L.

D. Ajacis L. Bor. nº 86; Leg. p. 17; Ll. p. 17. Moissons du littoral. RR. — Ile-aux-Moines, Saint-Gildas, Quibéron.

Fam. 2. — BERBÉRIDÉES.

Berberis L.

B. vulgaris L. Bor. nº 93; Leg. p. 19; Ll. p. 18. Haies. RR. — Vannes, Lorient. Plante probablement introduite, non spontanée.

Fam. 3. — NYMPHÉACÉES.

Nymphæa L.

N. alba L. Bor. nº 94; Leg. p. 21; Ll. p. 19. Étangs, ruisseaux. C.

Obs. Une étude approfondie pourra faire distinguer plusieurs espèces confondues sous ce nom. D'après M. Boreau (Fl. cent. p. 28), un savant allemand, Hentze, en a signalé neuf. M. Boreau lui-même en décrit deux qu'il a observées aux environs d'Angers. Dans notre département, on a constaté la présence des trois formes suivantes :

1. Feuilles rousses et fortement veinées-réticulées en dessous,

non émarginées au sommet; lobes de l'échancrure se recouvrant un peu et cachant entièrement le pétiole; pétales ovales, lancéolés, un peu aigus. — Auray.

2. Feuilles violâtres en dessous, un peu émarginées au sommet; lobes de l'échancrure parallèles, ne se recouvrant pas; pétales ovales, obtus; anthères à loges divergentes à la base. — Ruisseau de Pénesclus à Muzillac.

3. Feuilles vertes sur les deux faces, un peu émarginées au sommet, à lobes divergents; pétales ovales, obtus; anthères à loges contiguës, parallèles. — Séné, étang de Saint-Laurent.

Nuphar Sm.

N. luteum Sm. Bor. nº 95; Leg. p. 21; Ll. p. 19. Étangs, ruisseaux. C.

Obs. Ce genre, voisin du précédent, paraît offrir des modifications analogues. Outre la forme ordinaire à lobes des feuilles divergents, on peut signaler la suivante :

Var. *auriculatum*. Feuilles elliptiques, entières au sommet, prolongées à la base en deux lobes allongés qui se recouvrent largement et cachent entièrement le pétiole. R. — Ruisseau de Saint-Léonard, près Vannes; l'Oust à Josselin.

Fam. 4. — PAPAVÉRACÉES.

Papaver L.

P. hybridum L. Bor. nº 97; Leg. p. 23; Ll. p. 20. Moissons, champs sablonneux du littoral. PC. — Séné, Sarzeau, Quibéron, Gâvre, Plœmeur, Belle-île.

P. argemone L. Bor. nº 99; Leg. p. 23; Ll. p. 20. Moissons du littoral. AC.

P. dubium L. Bor. nº 100; Leg. p. 23; Ll. p. 20. Champs, murs. C.

Obs. M. Boreau, au nº indiqué, décrit cette espèce sous le nom de *P. collinum*. Mais ce savant ayant depuis fait connaître que la plante n'était pas celle de Bogenh, nous avons cru devoir conserver, provisoirement du moins, le nom linnéen.

P. Lecoqii Lamotte. Bor. nº 102; Ll. p. 21, Obs. Vieux murs. R. — Vannes, murs de la Garenne (M. Taslé).

P. Lamottei Bor. nº 103. Vieux murs, talus. R. — Vannes, talus du chemin de fer, ruelle du Séminaire.

P. Rhœas L. Bor. nº 104; Leg. p. 24; Ll. p. 20. Moissons. CC.

Glaucium Tourn.

G. luteum Scop. Bor. nº 108; Leg. p. 24; Ll. p. 22. Sables et décombres sur le littoral. AC.

Chelidonium L.

C. majus L. Bor. nº 110; Leg. p. 25; Ll. p. 22. Haies, vieux murs, décombres. AC.

Fam. 5. — FUMARIACÉES.

Corydalis Dec.

C. claviculata Dec. Bor. nº 115; Leg. p. 26; Ll. p. 23. Rochers, coteaux buissonneux. AC. à l'intérieur.

Obs. Le *C. lutea* Dec. se montre sur quelques vieux murs : c'est une plante échappée des jardins.

Fumaria L.

F. speciosa Jord. Bor. p. 34, Obs.; Ll. p. 24. Buissons, talus. RR. — Riantec, où elle a été observée par M. Taslé.

F. Borœi Jord. Bor. nº 118; Ll. p. 24; *F. caprœolata* Leg. p. 27. Champs, jardins. CC.

F. Bastardi. Bor. nº 119; *F. confusa* Ll. p. 24. Lieux cultivés. R. — Vannes, Séné.

F. officinalis L. Bor. nº 122; Leg. p. 28; Ll. p. 24. Lieux cultivés. AC. Bien moins répandue chez nous que la *F. Borœi.*

F. micrantha Lagasc. Bor. nº 123; Leg. p. 806; Ll. p. 25. Lieux cultivés, courtils. RR. — Ile-aux-Moines, Saint-Gildas.

F. parviflora Lam. Bor. nº 125; Leg. p. 28; Ll. p. 25. Champs sablonneux. RR. Quibéron où elle a été signalée par Legall et où elle n'a pas été retrouvée depuis.

Fam. 6. — CRUCIFÈRES.

Sect. 1. — Siliqueuses.

Mathiola R. Br.

M. sinuata R. Br. Bor. n° 126; Leg. p. 3. Ll. p. 33. Sables maritimes. AC. Sarzeau, Quibéron, Belle-île, etc.

M. incana R. Br. Leg. p. 807; Ll. p. 33. RR. — Naturalisée sur les glacis de la citadelle de Palais, à Belle-île.

Cheiranthus L.

C. Cheiri L. Bor. n° 127; Leg. p. 31; L. p. 34. Vieux murs. C.

Nasturtium R. Br.

N. officinale R. Br. Bor. n° 128; Leg, p. 35; Ll. p. 38. Fontaines, ruisseaux. C.

N. siifolium Reich. Bor. n° 129; Ll. p. 38, Obs. Eaux profondes. AR. — Muzillac, ruisseau de Pénesclus; Sarzeau, Plœren.

N. amphibium R. Br. Bor. n° 130; Leg. p. 36; L. p. 39. Bord des eaux, marais, rivières. C.

N. sylvestre R. Br. Bor. n° 135; Leg. p. 35; Ll. p. 38. Bord des eaux, lieux inondés l'hiver. AC.

N. palustre Dec. Bor. n° 136; Leg. p. 35; Ll. p. 39. Bords des marais, des étangs. AR. — Vannes, Ploërmel.

N. pyrenaicum R. Br. Bor. n° 137; Leg. p. 36 et 808; Ll. p. 39. Prés, pelouses. RR. — Ploërmel.

Barbarea R. Br.

B. vulgaris R. Br. Bor. n° 138; Leg. p. 32; Ll. p. 34. Haies, talus humides. AC.

B. intermedia Bor. n° 140; Leg. p. 32 et 808; Ll. p. 34. Lieux frais. R. — Lorient, Malestroit, Ploërmel, Néant.

B. præcox R. Br. Bor. n° 141; Leg. p. 33 et 808; Ll. p. 35. Lieux frais, cultures. AR. — Lorient, Plouharnel, Sarzeau, Coëtsurho, Ploërmel.

Arabis L.

A. sagittata Dec. Bor. nº 147; Leg. p. 34; Ll. p. 35. Sables maritimes. RR. — Belle-île, aux Grands-Sables.

A. Thaliana L. Bor. nº 149; Leg. p. 34; Ll. p. 36. Murs, haies, talus. CC.

Cardamine L.

C. pratensis L. Bor. nº 154; Leg. p. 37; Ll. p. 36. Prairies, bord des eaux. CC.

Var. *alba* Leg. p. 37. C.

C. hirsuta L. Bor. nº 156; Leg. p. 37; Ll. p. 36. Haies, talus, lieux frais. CC.

C. sylvatica Link. Bor. nº 157; Leg. p. 38; Ll. p. 37. Bord des eaux, bois frais. AR. — Vannes, Hennebont, Ploërmel, Lanvaux, etc.

C. parviflora L. Bor. nº 159; Ll. p. 37. — Lieux humides. RR. — Bords de l'Oust vers son confluent avec la Vilaine (Taslé).

Sisymbrium L.

S. officinale Scop. Bor. nº 165; Leg. p. 39; Ll. p. 30. Lieux incultes, bord des chemins, pied des murs. CC.

S. Sophia L. Bor. nº 168; Leg. p. 39; Ll. p. 31. Décombres, vieux murs. RR. — Vannes, dans la ville où il a été recueilli par M. Taslé.

S. Alliaria Scop. Bor. nº 169; *Alliaria officinalis* Leg. p. 40; *Erysimum All.* Ll. p. 31. Haies, lieux frais et couverts. C.

Brassica L.

B. Cheiranthus Vill. Bor. nº 179; Leg. p. 43; Ll. p. 27. Talus, lieux incultes et sablonneux. CC.

Var. *paucidentata* Leg. p. 43. Dunes. RR. — Gâvre, Quibéron.

B. rapa L. Bor. nº 176; Leg. p. 42. Plante naturalisée. Sables, moissons. R.

B. napus L. Bor. nº 178; Leg. p. 42. Cultivé en grand et naturalisé çà et là dans les moissons, sur les talus.

Obs. On commence à cultiver sur différents points du département le *B. campestris* L. (colza). Les diverses races ou variétés du *B. oleracea* sont abondamment cultivées dans les jardins et dans les champs.

Sinapis L.

S. arvensis L. Bor. nº 182; Leg. p. 43; Ll. p. 28. Lieux cultivés. C. surtout sur le littoral.

S. nigra L. Bor. nº 185; Leg. p. 44; Ll. p. 28. Lieux pierreux, coteaux de la région maritime. R. — Vannes, Auray, Locmariaker, Guidel, Belle-île.

S. incana L. Bor. nº 186; Ll. p. 28. Lieux sablonneux, décombres. RR. — Port de l'Ile-aux-Moines, où elle a été probablement apportée avec le lest des navires; se propage rapidement depuis quelques années.

Diplotaxis Dec.

D. tenuifolia Dec. Bor. nº 187; Leg. p. 41; Ll. p. 29. Murs, décombres, bords des chemins dans la région maritime. R. — Lorient, Quibéron, Belle-île.

D. muralis Dec. Bor. nº 188; Leg. p. 41; Ll. p. 29. Murs, lieux pierreux et sablonneux. RR. — Belle-île.

D. viminea Dec. Bor. nº 189; Leg. p. 808; Ll. p. 29. Vignes, moissons. RR. — Sucinio, en Sarzeau; Étel.

Raphanus L.

R. Raphanistrum L. Bor. nº 192; Leg. p. 44; Ll. p. 26. Moissons, prairies, lieux cultivés. CC.

R. maritimus Sm. Leg. p. 45; Ll. p. 26. Rochers et sables maritimes. RR. — Quibéron, Larmor en Plœmeur, Guidel, Houat et Hœdic.

Sect. 2. — Siliculeuses.

Crambe L.

C. maritima L. Leg. p. 46; Ll. p. 40. Rochers et sables maritimes. RR. — Iles d'Houat et Hœdic.

Rapistrum Boerh.

R. rugosum All. Bor. nº 193; Ll. p. 40. Lieux pierreux, décombres. RR. Port de l'Ile-aux-Moines où elle a été importée avec le lest des navires.

Cakile Tourn.

C. maritima Scop. Bor. nº 194; Leg. p. 46; Ll. p. 41. Sables maritimes. AC.

Senebiera Pers.

S. Coronopus Poir. Bor. nº 200; Leg. p. 47; *Coronopus Ruellii* Ll. p. 48. Décombres, bords des chemins. C.

S. pinnatifida Dec. Bor. nº 201; Leg. p. 48; *Cor. didyma* Ll. p. 49. Pied des murs, chemins, quais, bords de la mer. Assez commune çà et là dans la région maritime. — Vannes, Séné, Auray, Lorient.

Capsella Vent.

C. bursa pastoris Mœnch. Bor. nº 202; Leg. p. 48; Ll. p. 48. Murs, chemins, lieux cultivés. C.

Lepidium L.

L. latifolium L. Bor. nº 205; Leg. p. 49; Ll. p. 47. Lieux frais, sables humides au bord de la mer. RR. — Belle-île, cimetière de Bangor; Billiers, à la pointe de Penlan.

L. ruderale L. Bor. nº 207; Leg. p. 49; Ll. p. 46. Lieux pierreux, décombres, dans la région maritime; digues des marais salants. PC.

L. campestre R. Br. Bor. nº 208; Ll. p. 46. Lieux incultes, bords des chemins. RR. — Vannes, talus du chemin de fer; plante récemment introduite, dont la naturalisation paraît douteuse.

L. Smithii Hook. Bor. nº 209; Leg. p. 49; Ll. p. 46. Talus, pelouses, bords des chemins. C.

Obs. Le *L. sativum* L., cultivé pour les usages domestiques, croît à l'état subspontané dans le voisinage des habitations.

Teesdalia R. Br.

T. iberis Dec. Bor. nº 221; Leg. p. 52; Ll. p. 50. Pelouses, talus. CC.

Thlaspi L.

T. arvense L. Bor. nº 223; Leg. p. 51; Ll. p. 49. Champs cultivés de la région maritime. R. — Lorient, Port-Louis, Plouharnel, Locmariaker, presqu'île de Rhuys, Séné.

Obs. Le *T. alliacum*, indiqué autrefois à Locmariaker par Aubry, n'y a pas été retrouvé depuis.

Camelina Crantz.

C. dentata Pers. Bor. nº 233; Leg. p. 54; Ll. p. 43. Champs cultivés de la région maritime, surtout parmi les lins. PC. Très rare à l'intérieur. — Péaule.

C. sativa Crantz. Bor. nº 234; Leg. p. 55; Ll. p. 43. Champs de lin. RR. Plante accidentelle. — Napoléonville; talus du chemin de fer à Vannes.

Cochlearia L.

C. danica L. Bor. nº 237; Leg. p. 53; Ll. p. 43. Sables maritimes, murs, pelouses des bords de la mer. AC. — Vannes, à Conlo; Auray, Quibéron, Port-Louis, etc.

C. anglica L. Leg. p. 53; Ll. p. 43. Vases salées des bras de mer et des baies. AC. Séné, Auray, Hennebont, etc.

Obs. Le *C. armoracia* L. est une plante introduite que l'on trouve quelquefois dans le voisinage des habitations.

Erophila Dec.

E. brachycarpa Jord. Bor. nº 239. Murs, talus. C.

E. hirtella Jord. Bor. nº 241. Mêmes localités. AC.

E. furcipila Jord. Bor. in litt. Vieux murs. CC. — Vannes, etc. Silicules elliptiques, retrécies à la base, un peu aiguës au sommet, deux fois plus longues que larges; trente grains dans chaque loge; pédicelles deux fois plus longs que la silicule.

E. stenocarpa Jord. Bor. nº 242. Murs, talus. AC. — Environs de Vannes, à la Chesnaie, etc.

Obs. Ces différentes espèces sont réunies sous le nom de *Draba verna* L. par Legall, p. 55, et par Lloyd, p. 45.

Fam. 7. — RÉSÉDACÉES.

Reseda L.

R. lutea L. Bor. nº 254; Ll. p. 61. Lieux sablonneux de la région maritime. RR. — Presqu'ile de Quibéron, semis de pins dans les dunes; port de l'Ile-aux-Moines où il a été vraisemblablement importé.

R. luteola L. Bor. nº 255; Leg. p. 64; Ll. p. 61. Bords des chemins, pied des murs. AC.

Astrocarpus Neck.

A purpurascens Walp. Bor. nº 256; Leg. p. 64 et 811; *A. Clusii* Ll. p. 62. Lieux arides, rochers granitiques et surtout schisteux. R. — La Roche-Bernard, à l'extrémité du pont; Néant, Tréhorenteuc, Ploërmel, Rochefort.

Fam. 8. — CISTINÉES.

Helianthemum Tourn.

H. guttatum Mill. Bor. nº 260; Leg. p. 57; Ll. p. 52. Lieux sablonneux, landes, bords des bois. C.

Var. *maritimum* Leg. loc. cit.; Ll. p. 53. Dunes et rochers maritimes. AC.

H. umbellatum Mill. Bor. nº 261; Leg. p. 57; Ll. p. 53. Côteaux et rochers schisteux. R. — Saint-Dolay, La Gacilly, Malansac, à Bodélio; Rochefort, abondant avec l'*Astrocarpus* sur les grandes roches qui bordent la route de Malestroit.

Fam. 9. — VIOLARIÉES.

Viola L.

Sect. 1. — Stigmate aigu recourbé (Violettes).

V. palustris L. Bor. n° 270; Leg. p. 59; Ll. p. 55. Bords des ruisseaux, prairies tourbeuses. AC. à l'intérieur. — Montagne Noire, Gourin, Faouët, Camors, Elven, Saint-Avé près Vannes; étrangère à la région maritime.

V. hirta L. Bor. n° 271; Leg. p. 59; Ll. p. 55. Haies, lieux pierreux. AC.

Obs. Legall a indiqué comme variété *umbrosa* (p. 60) la forme estivale, à feuilles grandes allongées, à fleurs apétales, à capsules globuleuses portées sur un court pédoncule.

V. odorata L. Bor. n° 280; Leg. p. 60; Ll. p. 55. Haies, lieux frais. AC. — Vannes, Séné, etc.

V. dumetorum Jord. Bor. n° 281; Arr. Bull. polym. 1862, p. 90. Haies, buissons. AC. — Vannes, Plœren, etc.

V. riviniana Reich. Bor. n° 286; Ll. p. 56; *V. sylvestris* Leg. p. 60. Haies, buissons, prairies. CC.

V. Reichenbachiana Jord. Bor. n° 287, *V. sylvatica* Ll. p. 56; Haies et bois. AC.

Obs. La plante que je désigne sous ce nom ne diffère de la précédente que par ses fleurs plus petites, à éperon coloré. Je ne sais pas en distinguer un échantillon qui, soumis à M. Boreau, a reçu de ce savant le nom de *V. nemoralis* Jord. Peut-être avons-nous là une espèce nouvelle; telle paraît être l'opinion de M. Mabille qui semble avoir notre plante en vue en décrivant une forme qu'il croit distincte du *V. Reichenbachiana* et du *nemoralis*. (Act. Soc. Linn. Bordeaux, 3e série, tome v, p. 524.)

V. canina L. Bor. n° 228; Leg. p. 61; Ll. p. 56. Landes, bords des bois. R. — Hennebont, Auray, Ploërmel, Vannes, à Conlo, etc.

V. lancifolia Thor. Bor. n° 290; Leg. p. 62; Ll. p. 57. Landes. C.

Sect. 2. — Stigmate droit en entonnoir (Pensées).

V. Lloydii Jord. Bor. nº 296; *V. variata* Ll. p. 59 nº 3! Lieux cultivés. RR. — Vannes (M. Taslé).

V. meduanensis Bor. nº 297; Arr. Bull. polym. 1862, p. 91; V. nº 2, Ll. p. 58! Moissons des terres maigres. CC. — Vannes, Napoléonville, etc.

V. ruralis Jord. Bor. nº 300; Arr. loc. cit.; *V. tricolor* Var. *agrestis* Leg. p. 65. Moissons. C.

V. gracilescens Jord. Bor. nº 302. Moissons. RR. — Nivillac (M. Taslé).

V. nemausensis Jord. Bor. nº 306. Ll. nº 6, p. 60. Sables maritimes. R. Belle-île, presqu'île de Quibéron, Plouharnel.

V. Paillouxi Jord. Bor. nº 308; Arr. loc. cit. Moissons. R. — La Gacilly, La Roche-Bernard, route d'Herbignac.

Obs. Toutes les espèces de cette section étaient confondues par Legall sous le nom de *V. tricolor* L. Le type de l'espèce linnéenne se rencontre assez fréquemment subspontané dans les jardins.

Fam. 10. — DROSÉRACÉES.

Drosera L.

D. rotundifolia L. Bor. nº 313; Leg. p. 65; Ll. p. 62. Lieux tourbeux, parties marécageuses des landes. AC.

D. intermedia Hayne. Bor. nº 314; Leg. p. 65; Ll. p. 63. Mêmes lieux. C.

Fam. 11. — POLYGALÉES.

Polygala L.

P. vulgaris L. Bor. nº 317; Leg. p. 67; Ll. p. 64. Prairies, pelouses, landes. C.

P. oxyptera Reich. Bor. nº 318; Leg. p. 68; Ll. p. 64. Dunes et landes de la région maritime. AC.

P. depressa Wender. Bor. nº 323; Leg. p. 68; Ll. p. 64. Landes, coteaux. C.

Fam. 12. — FRANKÉNIACÉES.

Frankenia L.

F. lævis L. Bor. nº 324; Leg. p. 69; Ll. p. 65. Sables maritimes, chaussées des salines. AC.

Fam. 13. — CARYOPHYLLÉES.

Sect. 1. — Silénées.

Dianthus L.

D. prolifer L. Bor. nº 327; Leg. p. 71; Ll. p. 66. Dunes, lieux incultes de la région maritime. AC.

D. Armeria L. Bor. nº 328; Leg. p. 71; Ll. p. 67. Haies, talus, bords des chemins. PC.

D. Caryophyllus L. Bor. nº 337; Leg. p. 72; Ll. p. 67. Ruines, vieux murs. RR. — Vannes, Auray.

D. gallicus Pers. Bor. nº 343; Leg. p. 72; Ll. p. 68. Sables maritimes. C. — Presqu'île de Quibéron, etc.

Silene L.

S. oleracea Bor. nº 351; *S. inflata* Leg. p. 74; Ll. p. 69. Lieux cultivés. C.

S. montana Arr. Bull. Soc. polym. 1863, p. 58. *S. maritima* Ll. p. 70 Obs. Roches schisteuses R. — Sommets de la montagne Noire, au nord de Gourin; Tréhorenteuc.

Plante voisine du *S. maritima*, dont elle se distingue par ses pétales non couronnés à la gorge, mais munis seulement de deux petites bosses peu saillantes : feuilles étroites, lancéolées, linéaires.

S. maritima With. Bor. nº 353; Leg. p. 74; Ll. p. 69. Dunes et rochers maritimes. C.

S. Thorei Duf. Bor. nº 354; Ll. p. 70. Sables maritimes. RR. Gâvre (M. Taslé).

S. Otites Sm. Bor. n° 355; Leg. p. 74; Ll. p. 70. Sables maritimes. PC. — Quibéron, au fort Penthièvre; Plouhinec, Étel, etc.

S. Portensis L. Bor. n° 357; Leg. p. 811; Ll. p. 72. Sables maritimes. RR. — Billiers où il a été trouvé par le docteur Hémont; n'a pas été rencontré depuis.

S. annulata Thore. Bor. n° 358; Ll. p. 72. Champs de lin. RR. Plante importée avec la graine de lin, a été signalée dans la presqu'île de Rhuys, pourra se montrer ailleurs.

S. nutans L. Bor. n° 360; Leg. p. 76; Ll. p. 71. Rochers, lieux arides. C. dans la région maritime, plus rare à l'intérieur.

S. gallica L. Bor. n° 362; Leg. p. 76; Ll. p. 71. Moissons, champs sablonneux. AC. surtout dans la région maritime.

Obs. Le *S. anglica* L. est une espèce douteuse qui doit être caractérisée par les pédicelles fructifères divariqués. M. Lloyd ne le distingue pas du *S. gallica*; il n'est pas sûr d'ailleurs que cette forme ait été recueillie dans nos environs.

S. conica L. Bor. n° 364; Leg. p. 75; Ll. p. 70. Sables maritimes. AC. — Quibéron, Belle-île, etc.

Lychnis Dec.

L. flos-cuculi L. Bor. n° 368; Leg. p. 77; Ll. p. 72. Prés humides. CC.

L. vespertina Sibth. Bor. n° 369; Leg. p. 78; Ll. p. 72. Haies, talus. C.

L. diurna Sibth. Bor. n° 370; Leg. p. 78; Ll. p. 73. Lieux ombragés, bords des bois. PC. Rare sur le littoral, assez commun dans l'intérieur, surtout dans les terrains schisteux. — Saint-Nolf, Locminé, Gourin, etc.

L. Githago L. Bor. n° 372; Leg. p. 78; Ll. p. 73 Moissons. C.

Sect. 2 — Alsinées.

Sagina L.

S. procumbens L. Bor. n° 376; Leg. p. 80; Ll. p. 74. Pelouses fraîches, talus, vieux murs. C.

S. apetala L. Bor. n° 377; Leg. p. 80; Ll. p. 74. Champs sablonneux, murs. C.

S. ambigua Lloyd. Bor. Obs. p. 101; Ll. p. 74. Murs, lieux secs. C. dans la région maritime seulement. — Surzur, Arzon, Ile-aux-Moines, etc.

S. maritima Don. Bor. n° 381; Leg. p. 80; Ll. p. 75. Rochers, champs humides au bord de la mer. AC.

Spergula L.

S. subulata Sw. Bor. n° 382; Leg. p. 84; Ll. p. 76. Pelouses sablonneuses humides, bords des chemins. AC. région maritime, plus rare à l'intérieur. — Baud, Ploërmel, etc.

S. nodosa L. Bor. n° 383; Leg. p. 84; Ll. p. 76. Parties humides des dunes. R. — Quibéron, Gâvre, etc.

S. arvensis L. Bor. n° 385; Ll. p. 75. Champs sablonneux du littoral. R. Carnac, Conlo, près Vannes.

S. vulgaris Boënng. Bor. n° 386; Ll. p. 75; *S. arvensis* Leg. p. 83. — Champs cultivés, pelouses. CC.

S. Morisonii Bor. n° 388; Ll. p. 75; *S. pentandra* Leg. p. 83. Lieux arides et sablonneux. RR. — Belle-île.

Stellaria L.

S. neglecta Weihe. Bor. n° 391; Ll. p. 80; Leg. Obs. p. 814. Haies fraîches, talus humides. AR. Plœren, taillis de l'Oyon.

S. media Vill. Bor. n° 392; Leg. p. 89; Ll. p. 80. Haies, lieux cultivés. CC.

S. Borœana Jord. Bor. n° 393; Ll. p. 81; *S. media apetala* Leg. Obs. p. 814. Murs, lieux secs. PC. — Tour-du-Parc, Suscinio, Port-Louis, etc.

S. Holostea L. Bor. n° 395; Leg. p. 89; Ll. p. 81. Haies, buissons, taillis. CC.

S. glauca With. Bor. n° 396; Leg. p. 90, Ll. p. 81. Lieux marécageux. RR. Bords de l'Ével, près Baud (Legall).

S. graminea L. Bor. n° 397; Leg. p. 90; Ll. p. 81. Haies, buissons, prés secs. C.

S. uliginosa Murray. Bor. n° 398; Leg. p. 91; Ll. p. 81. Lieux tourbeux, bords des ruisseaux et des mares. C.

Halianthus Fries.

H. peploïdes Fries. Bor. n° 399; *Arenaria pepl.* Leg. p. 87; Ll. p. 79. Sables maritimes. AC.

Spergularia Pers.

S. rubra Pers. Bor. n° 401; *Arenaria rubra* Leg. p. 85; Ll. p. 79. Lieux sablonneux. C.

S. marina Roth. (*sub arenaria*); Bor. n° 402; *Ar. marina* Leg. p. 85; Ll. p. 80. Rochers maritimes, champs voisins de la mer. C.

S. marginata Dec. (*sub arenaria*) Bor. n° 403; *Ar. media* Leg. p. 86; Ll. p. 80. Bords fangeux de la mer. AC. — La Saline près Vannes, Séné, etc.

Alsine Wahl.

A. tenuifolia Bauh. Bor. n° 404; *Arenaria tenuif.* Leg. p. 87; Ll. p. 78. Lieux secs, murs. RR. Aucfer près Redon (M. Taslé).

A. hybrida Jord. Bor. n° 405? *Ar. tenuifolia* Var. *viscidula* Leg. p. 87; Ll. p. 79; *non Ar. viscidula* Thuil. *ex* Boreau! Sables et Rochers maritimes. AR. — Port-Louis, Quibéron, Sucinio, Pénestin, etc.

Arenaria L.

A. leptoclados Guss. Bor. n° 414; Ll. p. 77. Murs, lieux secs. CC.

A. serpyllifolia L. Bor. n° 415; Leg. p. 88; Ll. p. 77. Murs, lieux pierreux. R. — Noyalo, Ile-aux-Moines.

A. Lloydii Jor. Bor. n° 416; Ll. p. 77; *Ar. serpyllifolia* Var. *macrocarpa* Leg. p. 88. Dunes, murs de la région maritime. AC.

A. montana L. Bor. nº 417; Leg. p. 88; Ll. p. 77. Pelouses sèches, landes sablonneuses. RR. — Port-Navalo, butte de Tumiac, Baden, île de Gavrinis, Arzal.

A. trinervia L. Bor. nº 418; Leg. p. 88; Ll. p. 78. Lieux frais et ombragés. C.

Mænchia Ehrh.

M. erecta Ehrh. Bor. nº 419; Ll. p. 82; *Sagina erecta* Leg. p. 81. Talus, pelouses, prés secs. C.

Cerastium L.

C. triviale Link. Bor. nº 420; Leg. p. 91; Ll. p. 84. Haies, champs, murs. C.

C. glomeratum Thuil. Bor. nº 421; Leg. p. 92; Ll. p. 83. Champs, lieux sablonneux. CC.

C. semi-decandrum L. Bor. nº 423; Leg. p. 95; Ll. p. 83. Dunes, champs voisins de la mer. AC.

C. pumilum Curt. Bor. nº 426; *C. tetrandrum* Leg. p. 93; Ll. p. 84. Dunes et pelouses du littoral. AC. Nul à l'intérieur.

C. aquaticum L. Bor. nº 432; Leg. p. 95; *Malachium aquat.* Ll. p. 82. Lieux humides et ombragés. RR. — Ploërmel (M. Sacher.)

FAM. 14. — ÉLATINÉES.

Elatine L.

E. Alsinastrum L. Bor. nº 433; Ll. p. 86. Étangs, marais. RR. — Saint-Perreux, village du Val (M. Taslé).

E. hexandra Dec. Bor. nº 434; Leg. p. 81; Ll. p. 85. Bord des étangs. AR. — Rochefort, Ploërmel, Lorient, Napoléonville, Vannes, à Tréhuinec et ailleurs.

E. campylosperma Seubert. Bor. nº 437; Leg. p. 812; Ll. p. 85. Bord des étangs. RR. — Vannes, étang du Duc; Ploërmel, étangs au Duc et de Millet.

Fam. 15. — LINÉES.

Linum L.

L. usitatissimum L. Bor. nº 441 ; Leg. p. 98. Plante cultivée en grand, quelquefois subspontanée dans les moissons.

L. angustifolium Huds. Bor. nº 442 ; Leg. p. 98 ; Ll. p. 88. Terrains pierreux, champs secs de la région maritime. AC.

L. catharticum L. Bor. nº 448 ; Leg. p. 99 ; Ll. p. 88. Prés, pelouses, dunes. C.

Radiola Gmel.

R. linoides Gmel. Bor. nº 449 ; Leg. p. 98 ; Ll. p. 89. Landes, bords des chemins, lieux sablonneux. C.

Fam. 16. — MALVACÉES.

Malva L.

M. rotundifolia L. Bor. nº 450 ; Leg. p. 102 ; Ll. p. 90. Lieux incultes, bords des chemins. C.

M. nicæensis All. Bor. nº 451 ; Leg. p. 102 ; Ll. p. 91. Lieux incultes, pied des murs, dans la région maritime. AC.

M. sylvestris L. Bor. nº 452 ; Leg. p. 101 ; Ll. p. 90. Champs, haies, bords des chemins. CC.

M. mamillosa Lloyd. Fl. de l'Ouest, p. 90 ; Arr. Bull. Soc. polym. 1862, p. 92. Lieux incultes, décombres. RR. — Belle-île, autour de la citadelle de Palais.

M. moschata L. Bor. nº 457 ; Leg. p. 100 ; Ll. p. 89. Haies, talus, prairies. AC.

Althæa L.

A. officinalis L. Bor. nº 459 ; Leg. p. 103 ; Ll. p. 91. Bord des eaux, seulement sur le littoral. RR. — Sarzeau, Houat, Belle-île.

Lavatera L.

L. arborea L. Bor. nº 462 ; Leg. p. 103 ; Ll. p. 92. Rochers maritimes. RR. — Belle-île, Houat et îlots voisins, île Théviec.

Fam. 17. — TILIACÉES.

Tilia L.

T. parvifolia Ehrh. Bor. n° 463; Leg. p. 105; Ll. p. 93. Bois, coteaux frais. RR. — Lanvaux, Hennebont (Legall); spontané?

Obs. On plante dans les avenues et sur les promenades les *T. grandifolia* et *argentea*.

Fam. 18. — HYPÉRICINÉES.

Androsæmum All.

A. officinale All. Bor. n° 466; Leg. p. 106; Ll. p. 96. Haies, bord des bois. AR. — Vannes, Saint-Nolf, forêt de Brambien, Auray, Hennebont, Groix, Gourin, etc. Peu abondant dans chaque localité.

Hypericum L.

H. tetrapterum Fries. Bor. n° 468; Leg. p. 107; Ll. p. 93. Bord des eaux. C.

H. quadrangulum L. Bor. n° 469; Leg. p. 108; Ll. p. 94. Lieux ombragés. RR. — Ploërmel, Hennebont (Legall).

H. perforatum L. Bor. n° 471; Leg. p. 108; Ll. p. 94. Haies, bords des chemins. CC.

H. humifusum L. Bor. n° 473; Leg. p. 109; Ll. p. 94. Champs sablonneux, pelouses sèches. C.

H. linearifolium Vahl. Bor. n° 474; Leg. p. 109; Ll. p. 94. Rochers, coteaux arides. AC.

H. pulchrum L. Bor. n° 475; Leg. p. 110; Ll. p. 94. Bois, landes. AC.

H. hirsutum L. Bor. n° 477; Leg. p. 110; Ll. p. 95. Haies, bois. RR. Plante indiquée par Legall qui, par erreur, la dit commune : n'a pas été retrouvée depuis.

Elodes Adans.

E. palustris Spach. Bor. n° 478; Leg. p. 110; *Hypericum Elodes* Ll. p. 95. Marais, lieux tourbeux dans les landes. C.

Fam. 19. — ACÉRINÉES.

Acer L.

A. campestre L. Bor. n° 481 ; Leg. p. 112; Ll. p. 96. Haies, bois. AC.

Obs. On voit dans les parcs et les avenues l'*Acer pseudo-platanus* et plus rarement l'*A. platanoides.*

L'*Œsculus hippocastanum* (marronnier d'Inde), type de la famille des hippocastanées, est fréquemment planté sur les promenades.

La vigne *(Vitis vinifera)*, seul représentant en Europe de la famille des ampélidées, est cultivée en grand sur quelques points de notre littoral, depuis les bords de la Vilaine jusqu'à l'extrémité de la presqu'île de Rhuys.

Fam. 20. — GERANIACÉES.

Geranium L.

G. sanguineum L. Bor. n° 485; Leg. p. 114; Ll. p. 99. Sables, talus et coteaux herbeux du littoral. R. — Dunes de Quibéron, Gâvre, Plœmeur, Belle-île.

G. columbinum L. Bor. n° 490; Leg. p. 115; Ll. p. 97. Haies, buissons. AC. dans la région maritime, rare à l'intérieur.

G. dissectum L. Bor. n° 491; Leg. p. 115; Ll. p. 97. Haies, champs, prés. C.

G. pusillum L. Bor. n° 492; Leg. p. 116; Ll. p. 97. Lieux secs, pied des murs. RR. Auray, Napoléonville (Legall).

G. molle L. Bor. n° 494; Leg. p. 116; Ll. p. 97. Champs, bords des chemins, murs. CC.

G. rotundifolium L. Bor. n° 495; Leg. p. 117; Ll. p. 98. Lieux pierreux, pied des murs. AR. — Vannes, Lorient, Quibéron.

G. lucidum L. Bor. n° 496; Leg. p. 118; Ll. p. 98. Haies, talus frais, lieux couverts. AC. — Vannes, etc.

G. Robertianum L. Bor. n° 497; Leg. p. 118; Ll. p. 98. Haies, talus, bois. C.

G. modestum Jord. Bor. nº 500; Ll. p. 98; *G. Robertianum* Var. *purpureum* Leg. p. 119. Haies, pied des murs. C. surtout dans la région maritime. — Vannes, Lorient, Auray, etc.

Erodium L'hér.

E. prætermissum Jord. Bor. nº 502; *E. cicutarium* Leg. p. 119; Ll. p. 99. Pelouses, champs, talus. C. Deux pétales portant une tache à la base.

E. triviale Jord. Bor. nº 504. Mêmes stations. C. Pétales très inégaux, sans tache à la base; feuilles à découpures plus étroites que le précédent.

E. Lebeli Jord. Arr. Bull. Soc. polym. 1864, p. 54; *E. cicutarium* Var. *parviflorum* Leg. p. 120. Plante velue-blanchâtre, plus ou moins visqueuse; pétales rose-pâle presque égaux; arête du fruit mûr formant seulement quatre à cinq tours de spire. Dunes, talus et pied des murs sur le littoral. C.

E. moschatum L'hér. Bor. nº 509; Leg. p. 120; Ll. p. 100. Bords des chemins, talus, pied des murs. Assez commun dans la région maritime; rare ou nul à l'intérieur. — Vannes, à la Madelaine; Lorient, etc.

E. maritimum Sm. Bor. nº 512; Leg. p. 121; Ll. p. 100. Terrains pierreux au bord de la mer. RR. — Groix, Belle-île, Crach, Ile-aux-Moines, pointe d'Arradon. Il est singulier de retrouver exceptionnellement cette plante à Josselin.

Fam. 21. — OXALIDÉES.

Oxalis L.

O. Acetosella L. Bor. nº 513; Leg. p. 123; Ll. p. 102. Bois frais, lieux humides et couverts. AC. — Environs de Vannes, vallée de Saint-Nolf, etc.

O. corniculuta L. Bor. nº 514; Leg. p. 123; Ll. p. 102. Lieux cultivés, jardins, pied des murs. C.

O. stricta L. Bor. nº 516; Leg. p. 122; Ll. p. 102. Lieux cultivés. RR. — Belle-île, Quibéron (Legall).

Sous-classe II. — CALYCIFLORES.

Fam. 22. — CÉLASTRINÉES.

Evonymus L.

E. europæus L. Bor. nº 520; Leg. p. 124; Ll. p. 104. Haies, taillis. AC.

Fam. 23. — RHAMNÉES.

Rhamnus L.

R. catharticus L. Bor. nº 522; Leg. p. 125; Ll. p. 108. Haies, buissons. R. — Lorient, Guer, Ploërmel.

R. Frangula L. Bor. nº 521; Leg. p. 126; Ll. p. 104. Haies, bois. C.

Fam. 24. — LÉGUMINEUSES.

Ulex L.

U. europæus L. Bor. nº 526; Leg. p. 127; Ll. p. 105. Landes, talus. CC.

U. Gallii Planch. Bor. nº 527; Leg. p. 815; Ll. p. 106; *U. provincialis* Leg. p. 128. Landes du littoral. C.

U. nanus Sm. Bor. nº 522; Leg. p. 129; Ll. p. 106. Lieux stériles, landes. CC.

Obs. Legall signale (p. 816) comme méritant d'être étudié un *Ulex* trouvé par M. Taslé et dont le principal caractère serait d'avoir les bractéoles insérées beaucoup au-dessous du calice. D'un autre côté, M. Mabille vient de publier (Ann. Soc. Linn. Bord. 1866, p. 534) un *Ulex armoricanus*, auquel il rapporte la forme signalée par M. Legall. Or, M. Taslé a constaté lui-même (Bull. Soc. polym. 1863, p. 59) que sa plante n'est qu'une variété accidentelle de l'*U. europæus*. L'observation de M. Taslé semble prouver qu'on ne doit pas attacher beaucoup d'importance à la situation des bractéoles calicinales.

Sarothamnus Wimm.

S. scoparius Kock. Bor. nº 529; Leg. p. 131; Ll. p. 107. Talus, lieux incultes, bords des routes. CC.

Genista L.

G. anglica L. Bor. nº 531 ; Leg. p. 130 ; Ll. p. 106. Landes humides. C.

G. tinctoria L. Bor. nº 534; Leg. p. 130; Ll. p. 106. Pâturages, bord des bois, prés secs. AC.

Adenocarpus Dec.

A. parvifolius Dec. Bor. nº 543, Leg. p. 132; *A. complicatus* Ll. p. 108. Landes. RR. — Augan, Guer, Monteneuf.

Ononis L.

O. repens L. Bor. nº 545; Leg. p. 133; Ll. p. 108. Champs cultivés, dunes. C.

Var. *arvensis* Leg. p. 133; Ll. p. 108. Champs, bords des chemins. C.

O. reclinata L. Leg. p. 133; Ll. p. 110. Dunes. RR. — Saint-Adrien en Plœmeur (Legall).

Anthyllis L.

A. vulneraria L. Bor. nº 546; Leg. p. 134; Ll. p. 127. Rochers et pelouses au bord de la mer. RR. — Plœmeur, Erdeven, Belle-île, dunes de Donan.

Medicago L.

M. sativa L. Bor. nº 552; Leg. p. 135; Ll. p. 111. Cultivée seulement sur le littoral et naturalisée dans quelques terrains sablonneux. PC. — Lorient, Quibéron, Belle-île.

M. lupulina L. Bor. nº 555; Leg. p. 135; Ll. p. 110. Lieux arides, bords des chemins. C.

Var. *sericea* Leg. loc. cit. Commune dans les dunes.

Obs. On cultive quelquefois cette plante comme fourrage.

M. apiculata Wildn. Bor. nº 558; Leg. p. 137; Ll. p. 113. Champs, terrains sablonneux. C.

M. denticulata Wildn. Bor. nº 559; Leg. p. 136; Ll. p. 113. Moissons, champs en friche, surtout du littoral. C.

M. maculata Wildn. Bor. nº 560; Leg. p. 137; Ll. p. 112. Prés, pelouses, bords des champs. CC.

M. minima Lam. Bor. nº 561; Leg. p. 137; Ll. p. 112. Dunes, pelouses du littoral. AC.

M. striata Bart. Bor. nº 565; Leg. p. 135; Ll. p. 111. Dunes, pelouses du littoral. AC. — Presqu'île de Quibéron, etc.

M. marina L. Bor. nº 566; Leg. p. 136; Ll. p. 112. Dunes, sables du rivage. AR. — Presqu'île de Quibéron, côte ouest; Gâvre, Belle-île, surtout au port Donan.

Trigonella L.

T. ornithopodioides Dec. Bor. nº 569; Leg. p. 138; Ll. p. 113. Prés salés, pelouses maritimes. R. — Lorient, Quibéron, Séné.

Melilotus Tourn.

M. arvensis Wall. Bor. nº 570; Ll. p. 115. Décombres. RR. Port de l'Ile-aux-Moines où il a probablement été importé ainsi que l'espèce suivante. (Observé par M. Taslé en 1862.)

M. alba Den. Bor. nº 573; Ll. p. 115. Sables, décombres. — Port de l'Ile-aux-Moines où je l'ai recueilli en 1859.

M. parviflora Desf. Bor. nº 574; Leg. p. 139; Ll. p. 115. Lieux pierreux près de la mer. R. — Houat, Hœdic, Belle-île, Plouharnel, presqu'île de Quibéron, au fort Penthièvre; Broel en Arzal.

Trifolium L.

A. — Fleurs rouges ou blanches.

T. angustifolium L. Bor. nº 575; Leg. p. 145 et 818; Ll. p. 118. Coteaux arides, lieux sablonneux du littoral. AR. — Sarzeau, Coëtsurho en Arzal, Pénestin, Belle-île.

T. Molinerii Balbis. Bor. nº 578; *T. incarnatum* Var. *Molin.* Leg. p. 146; Ll. p. 119. Prairies du littoral. PC. — Belle-île, Auray, Vannes, à Saint-Guen, etc.

Obs. Le vrai *T. incarnatum* L. est seulement cultivé, mais non spontané dans le département.

T. arvense L. Bor. n° 579; Leg. p. 144; Ll. p. 120. Champs sablonneux. C.

T. agrestinum Jord. Bor. n° 580. Lieux rocailleux. — Vannes, Séné (M. Taslé).

T. sabuletorum Jord. Bor. n° 581; *T. arvense* Var. *gracile* Ll. fl. Loire-Inférieure? Sables maritimes. AR. — Pénestin.

T. littorale Jord. Bor. n° 583; *T. arvense* Var. *perpusillum* Ll. p. 120; Var. *abbreviatum* Leg. p. 145? Rochers maritimes, pelouses sèches du littoral. AR. — Belle-île, Groix, Quibéron, etc.

Obs. Ces trois dernières espèces sont des démembrements du *T. arvense* de Linné. Nous possédons probablement encore quelques-unes des autres formes distinguées par M. Jordan. Ainsi, la plante désignée par Legall sous le nom de Var. *gracile* me paraît se rapporter au *T. rubellum* Jord. plutôt qu'au *gracile* de Thuilier.

T. Bocconii Savi. Bor. n° 588; Leg. p. 141; Ll. p. 122. Coteaux arides. RR. — Coëtsurho en Arzal.

T. striatum L. Bor. n° 589; Leg. p. 142; Ll. p. 122. Prairies, pelouses sèches, dunes. C.

T. scabrum L. Bor. n° 590; Leg. p. 142; Ll. p. 122. Lieux incultes du littoral. AC.

T. maritimum Huds. Bor. n° 591; Leg. p. 143; Ll. p. 121. Prairies de la région maritime. AC. — Très commun à Belle-île où il forme le fond de quelques prairies.

T. ochroleucum L. Bor. n° 592; Leg. p. 144 et 818; Ll. p. 120. Prés secs, landes sablonneuses. RR. — Bords de la Vilaine, de Tréhiguier à Coëtsurho en Arzal.

T. pratense L. Bor. n° 595; Leg. p. 143; Ll. p. 121. Prés, pelouses. CC.

Obs. Le trèfle cultivé, *T. sativum* Reich., ne paraît être qu'une variété du *T. pratense*.

T. fragiferum L. Bor. n° 596; Leg. p. 147; Ll. p. 133. Pelouses, bords des chemins. AC.

T. resupinatum L. Bor. nº 587; Leg. p. 148; Ll. p. 122. Prés et pelouses des bords de la mer. AR. — Arzal, Sarzeau, Quibéron, Belle-île, où il est très abondant aux environs de Port-Philippe.

T. subterraneum L. Bor. nº 598; Leg. p. 146. Ll. p. 118. Pelouses, bords des chemins. CC.

T. suffocatum L. Bor. nº 599; Leg. p. 141; Ll. p. 118. Pelouses sèches des bords de la mer. PC. — Sarzeau, Port-Louis, presqu'île de Quibéron, Houat et Hœdic.

T. glomeratum L. Bor. nº 600; Leg. p. 140; Ll. p. 117. Lieux secs, talus. AC. — Vannes, à la Madelaine, etc.

T. strictum Waldst. Bor. nº 602; Leg. p. 141 et 817; Ll. p. 117. Pelouses sèches près de la mer. RR. — Houat, Hœdic, Coëtsurho en Arzal.

T. repens L. Bor. nº 603; Leg. p. 139; Ll. p. 117. Prés, pelouses. CC.

T. michelianum Savi. Bor. nº 605; Leg. p. 140; Ll. p. 117. Prairies humides. RR. — Belle-île, Pénestin, Muzillac, à Pénesclus; Rieux.

T. elegans Savi. Bor. nº 607. Prairies. RR. — Observé par M. Taslé dans un pré de la Chênaie en Arradon, où il a été probablement importé avec des graines de fourrages; coteaux de Saint-Jacut où il paraît spontané (M. Taslé).

B. — Fleurs jaunes.

T. campestre Schreb. Bor. nº 613; Ll. p. 123; *T. procumbens* Var. Leg. p. 148. Champs, bords des chemins. C.

T. pseudo-procumbens Gmel. Bor. nº 614; *T. procumbens* Leg. p. 148; *T. campestre* Var. Ll. p. 124. Pelouses, bords des champs. C.

T. procumbens L. Bor. nº 615; Ll. p. 124; *T. filiforme* Leg. p. 149. Prés, pelouses. CC.

T. filiforme L. Bor. nº 616; Ll. p. 124; *T. filiforme* Var. *depauperatum* Leg. p. 150. Prés, pelouses, C.

T. patens Schreb. Bor. nº 617; Leg. p. 149; Ll. p. 124. Prairies sablonneuses du littoral. RR. — Plouharnel, Étel (Leg. fl. *loc. cit.*), Bonervaux en Theix (M. Taslé).

Lotus L.

L. corniculatus L. Bor. nº 618; Leg. p. 151; Ll. p. 125. Prés, bord des champs. CC.

L. tenuifolius Reich. Bor. nº 619; Ll. p. 125; *L. cornic.* Var. Leg. p. 151. Prés et lieux humides de la région maritime. PC.

L. uliginosus Schk. Bor. nº 620; *L. major* Leg. p. 152; Ll. p. 126. Lieux marécageux, fossés. C.

L. angustissimus L. Bor. nº 621; Leg. p. 153; Ll. p. 126. Pelouses, bord des champs. AC.

L. hispidus Desf. Bor. nº 623; Leg. p. 152; Ll. p. 126. Dunes, champs sablonneux de la région maritime. AC.

Ornithopus L.

O. ebracteatus Brot. Bor. nº 638; Leg. p. 155; Ll. p. 132. Dunes, pelouses sablonneuses de la région maritime. R. — Plœmeur, Quibéron, Carnac, Belle-île, Houat, Hœdic.

O. compressus L. Bor. nº 639; Leg. p. 819; Ll. p. 132. Dunes, champs sablonneux du littoral. RR. — Houat, Hœdic.

O. roseus Dufour. Bor. nº 640; Ll. p. 131. Lieux sablonneux frais. RR. — Village du Val en Saint-Perreux (M. Taslé).

O. perpusillus L. Bor. nº 641; Leg. p. 154; Ll. p. 131. Pelouses, champs sablonneux. CC.

Ervum L.

E. hirsutum L. Bor. nº 649; Leg. p. 155; Ll. p. 137. Haies, moissons. CC.

Obs. L'*Ervum lens* (lentille) est cultivé, mais assez rarement, sur certains points du littoral.

Vicia L.

V. tetrasperma Mœnch. Bor. nº 651; *Ervum tetrasp.* Leg. p. 156; Ll. p. 137. Haies, champs cultivés. AC.

V. cracca L. Bor. n° 657; Leg. p. 157; Ll. p. 134. Haies, buissons, prés. C.

V. varia Host. Bor. n° 659; Leg. p. 157; Ll. p. 134. Moissons. RR. — Lorient.

V. sativa L. Bor. n° 661; Leg. p. 159; Ll. p. 136. Cultivée sur le littoral sous le nom de *Charance*, naturalisée dans les moissons.

V. torulosa Jord. Bor. n° 663. Moissons. AC.

V. segetalis Thuil. Bor. n° 664. Moissons. AC.

V. Bobartii Forster. Bor. n° 665. Haies et bord des bois. AC.

V. uncinata Desv. Bor. n° 666. Moissons des terrains secs. AC.

Obs. Les quatre espèces qui précèdent sont réunies dans la flore du Morbihan et dans celle de l'Ouest sous le nom de *V. angustifolia*.

V. lathyroïdes L. Bor. n° 668; Leg. p. 160; Ll. p. 136. Pelouses sablonneuses du littoral. RR. — Groix, Séné, Arradon, île de Boët dans le Morbihan.

V. lutea L. Bor. n° 669; Leg. p. 158; Ll. p. 135. Moissons des terrains sablonneux. C.

V. sepium L. Bor. n° 671; Leg. p. 158; Ll. p. 135. Haies, buissons. C.

V. bithynica L. Bor. n° 672; Ll. p. 135. Moissons. RR. — Belle-île.

Obs. La *V. Faba* est cultivée en grand à Belle-île.

Lathyrus L.

L. Aphaca L. Bor. n° 679; Leg. p. 162; Ll. p. 139. Moissons. AC.

L. Nissolia L. Bor. n° 680; Leg. p. 162; Ll. p. 139. Moissons, bords des champs. AC. sur le littoral.

L. sphœricus Retz. Bor. n° 681; Leg. p. 163; Ll. p. 140. Champs sablonneux du littoral. R. — Vannes, Sarzeau, Plouharnel, Houat, Hœdic.

L. angulatus L. Bor. nº 682; Leg. p. 163; Ll. p. 140. Moissons du littoral. R. — Vannes, îlot de Méaban, Arradon, Pénestin.

L. hirsutus L. Bor. nº 685; Leg. p. 163; Ll. p. 141. Moissons du littoral. PC. — Cantizac en Séné, Arradon, Baden, Quibéron, Belle-île, etc.

L. pratensis L. Bor. nº 688; Leg. p. 164; Ll. p. 141. Prairies, haies, buissons. C.

L. sylvestris L. Bor. nº 689; Leg. p. 164; Ll. p. 141. Haies, buissons. PC. — Plœren; Sarzeau, haies des vignes.

L. latifolius L. Bor. nº 690; Leg. p. 165; Ll. p. 142. Haies, buissons, vignes. RR. — Vannes (Legall), S.-Gildas (M. Taslé).

Orobus L.

O. tuberosus L. Bor. nº 696; Leg. p. 165; Ll. p. 142. Bois, lieux couverts. C.

Lupinus L.

L. reticulatus Desv. Bor. nº 700; Ll. p. 127; *L. linifolius* Leg. p. 819. Moissons de la région maritime. RR. — Houat et Hœdic.

Fam. 25. — ROSACÉES.

Prunus L.

Obs. L'énumération de nos espèces de pruniers et les observations qui y sont jointes sont dues à M. Taslé qui a étudié avec soin ce genre mal connu.

P. spinosa L. Bor. nº 703; Leg. p. 167; Ll. p. 144. Haies, buissons. CC. Var. *virescens*. Plus petit dans toutes ses parties : feuilles plus étroites; fleurs verdâtres. — Environs de Vannes. R.

J'ajoute aux observations de M. Taslé que j'ai remarqué moi-même parmi les *P. spinosa* deux formes : l'une à fruit sphérique, à noyaux globuleux; l'autre à fruit ovoïde, à noyaux en amande.

P. fruticans Weih. Bor. nº 704; Leg. p. 167 et 820; Ll. p. 144. Haies, buissons. PC. — Arradon, Pluherlin, Pleucadeuc.

P. insititia L. Bor. nº 706; Leg. p. 168; Ll. p. 144. Haies, talus. AC. C'est l'espèce dont les fruits sont connus aux environs de Vannes sous le nom vulgaire de *belosses*.

P. Varactensis Bor. fl. cent. nº 709. Fruit petit, ovoïde, vert-jaunâtre. Haies près des habitations où il est au moins naturalisé. PC. — Vannes, Arradon.

P. pruna Crantz. Bor. nº 710. Haies, courtils, au moins subspontané. AC.

Obs. On rencontre fréquemment sur les talus, près des habitations, dans la commune de Brech, un prunier qui paraît spontané et dont le fruit a la forme et la couleur de la petite prune de mirabelle.

P. avium L. Bor. nº 712; Ll. p. 145; *Cerasus av.* Leg. p. 168. Haies, bois. C. Connu sous le nom de *merisier;* fruit noir, petit.

P. Juliana Reich. Bor. nº 713. Haies; subspontané. AC. Fruit plus gros, rouge. Connu sous le nom de *guignier.*

P. duracina Reich. Bor. nº 714. Talus des champs, des courtils. AC. surtout dans le canton de La Gacilly, où son fruit est l'objet d'un commerce assez important. C'est le *bigarreautier.*

P. cerasus L. Bor. nº 715; Ll. p. 145; *Cerasus caproniana* Leg. p. 169. Haies et buissons de la région maritime. AR. Probablement naturalisé.

Spiræa L.

S. Ulmaria L. Bor. nº 719; Leg. p. 170; Ll. p. 146. Bord des eaux. C.

S. Filipendula L. Bor. nº 720; Leg. p. 170; Ll. p. 146. Coteaux maritimes. R. — Belle-île, Groix, Lorient, Sarzeau, bords de la Vilaine à Coëtsurho en Arzal.

Geum L.

G. urbanum L. Bor. nº 721; Leg. p. 171; Ll. p. 146. Haies, lieux couverts. AC.

Rubus L.

Obs. Toutes les espèces de ce genre difficile sont réunies par M. Lloyd sous le nom de *R. fruticosus*; M. Legall distingue en outre (p. 172) un *R. corylifolius* qui comprend également plusieurs formes distinctes. Les plantes mentionnées ci-dessous ne figurent pas toutes dans la flore de M. Boreau. Je renvoie pour leur description complète au travail spécial que j'ai publié dans le Bulletin de la Société polymathique, année 1862.

A. — Tige arrondie ou à angles obtus, sépales étalés ou redressés à la maturité.

R. septicolus Muller. Arr. Bull. Soc. polym. 1862, p. 118. Non glanduleux. Haies fraîches. PC. — Vannes, le Grador, route de Nantes, etc.

R. glandulosus Bell. Bor. nº 734. Arr. loc. cit. p. 118. Plante toute couverte de glandes violettes pédicellées. Bois couverts. R. Forêt de Langonnet, près de l'abbaye; Gourin, forêt de Conveau.

B. — Tige plus ou moins anguleuse, munie de glandes et d'aiguillons inégaux; sépales réfléchis à la maturité.

R. rudis W. et N. Bor. nº 739; Arr. p. 117. Bois et broussailles. AC. — Vannes, au moulin de Poignant, taillis de la Chênaie; Port-Louis, au pied des remparts.

R. mutabilis Génevier; Arr. p. 116. Tige poilue et glanduleuse; feuilles quinées, blanches en dessous. Haies et buissons. R. — Napoléonville, bords du canal au-dessus de la ville.

R. fusco-ater W. et N. Bor. nº 753; Arr. p. 116. Haies. C. — Vannes, Locminé, Napoléonville, Le Faouët, etc.

R. scabripes Génevier. Arr. p. 115. Tige glanduleuse, peu poilue, fleurs rose-pâle; large bractée cordiforme à la base de la panicule. Haies couvertes. R. — Vannes, autour des prés de Kerquer et de Kérisac.

R. squalidus Génevier. Arr. p. 115. Tige glanduleuse, peu poilue; fleurs blanches à pétales étroits. Haies et bois. R. — Gourin.

R. adscitus Génevier. Arr. p. 114. Tige hérissée, peu glanduleuse; fleurs rose-pâle. Haies. PC. — Vannes, à Kquer; Hennebont, Port-Louis.

R. bicolor Arr. loc. cit. p. 113. Plante peu glanduleuse; feuilles ternées, vertes en dessous; fleurs d'un rose vif, surtout en dedans. Bois. RR. — Recueilli seulement sur la lisière de la forêt de Conveau, à Gourin.

R. umbraticus Muller. Arr. p. 113. Glandes rares, tige poilue; feuilles ternées à folioles grandes, pâles en dessous; fleurs roses. Haies des lieux humides et couverts. PC. — Environs de Vannes, Tréhuinec, Saint-Léonard, vallon à Kboulard.

R. Borœanus Génev. Arr. p. 112. Glandes pédicellées peu nombreuses, feuilles blanches en dessous; fleurs roses à pétales grands, ovales. Haies. PC. — Environs de Vannes, route de Rennes, vallée de Saint-Nolf; Gourin, forêt de Conveau.

R. carpinifolius W. et N. Bor. n° 767; Arr. p. 112. Haies des lieux secs, bois. C. — Vannes, Josselin, Gourin, etc.

C. — Tige anguleuse, dépourvue de glandes, aiguillons tous semblables, sépales rabattus à la maturité.

R. hirsutuosus Génev. Arr. p. 111. Fleurs grandes, rose-pâle; folioles supérieures subincisées. Haies. RR. — Faouët.

R. discolor W. et N. Bor. n° 759; Arr. p. 111. Haies découvertes. CC. Fleurs d'un rose foncé.

R. arduennensis Lib. Bor. n° 772; Arr. p. 110. Haies. AC.

R. Thyrsoideus Wimm. Bor. n° 773; Arr. p. 109. Haies. AC. — Environs de Vannes, Kquer; route de Nantes; Saint-Avé, Napoléonville.

R. Thuillieri Poir. Bor. n° 774; Arr. p. 110. Haies fraiches. PC. — Environs de Vannes à Klan, chemin de Kthomas, etc.

R. hamosus Génev. Arr. p. 108. Aiguillons forts et crochus; feuilles exactement palmées, pâles en dessous. Haies et buissons. PC. — Vannes, derrière le Grador; Napoléonville, bords du canal.

R. phyllostachys Génev. Arr. p. 108. Aiguillons inclinés, feuilles exactement palmées, pâles en dessous; panicule feuillée. Haies. CC. — Vannes, Napoléonville, Le Faouët, etc.

R. immitis Bor. fl. cent. n° 730; Arr. loc. cit. p. 107. Haies autour des champs. PC. — Vannes, route de Rennes, etc.

R. piletostachys Gren. et Godr. Arr. p. 107. Tige poilue, aiguillons blancs, inclinés, velus; feuilles pâles en dessous, fleurs roses, jeunes carpelles tomenteux. Broussailles, lieux couverts. R. — Tour d'Elven.

R. calvatus Bloxam. Bor. n° 764. Haies un peu couvertes. C.

R. rosulentus Muller. Arr. p. 106. Tige glabre, aiguillons grêles, droits; foliole terminale orbiculaire; fleurs grandes, roses. Buissons frais, bords des eaux. C. — Environs de Vannes, Saint-Avé, bois de Gournais, etc.

R. divaricatus Muller. Arr. p. 105. Tige glabre, canaliculée, aiguillons un peu crochus; folioles ovales acuminées; fleurs rose-pâle à pétales étroits. Bords des eaux. PC. — Bords du ruisseau de Luscanen, ruisseau de Mériadec, bois de Gournais.

R. nitidus W. et N. Bor. n° 776; Arr. p. 105. Haies et buissons. PC. — Environs de Vannes, au Ménimur; vallon de la Pointe, route de Rennes.

R. fruticosus L. Bor. n° 779; Arr. p. 104. Bois, haies. AR. — Gourin, forêt de Conveau; parc de Bodélio à Rochefort, etc.

Fragaria L.

F. vesca L. Bor. n° 780; Leg. p. 174; Ll. p. 147. Haies, bord des bois. C.

Comarum L.

C. palustre L. Bor. n° 783; Leg. p. 175; Ll. p. 148. Marais, prés tourbeux. PC. — Vannes, à Plaisance; vallée de l'Ars, à Molac; Camors, étang des Salles.

Potentilla L.

P. Fragariastrum Ehr. Bor. n° 785; Leg. p. 177; Ll. p. 149. Bois, talus. C.

P. Vaillantii Nest. Bor. n° 786; Leg. p. 821; Ll. p. 149. Pelouses sèches, landes sablonneuses. RR. Arzal.

P. reptans L. Bor. n° 789; Leg. p. 176; Ll. p. 148. — Champs, bord des chemins. C.

P. nemoralis Nest. Bor. Mém. Soc. acad. d'Angers, t. XIV; Arr. Bull. Soc. polym. 1864, p. 53; *Tormentilla reptans* Leg. p. 178; Ll. p. 150. Champs humides, bois frais. PC. — Lorient; Napoléonville, bords du canal au-dessous de la ville.

P. Tormentilla Nest. Bor. n° 791; *Tormentilla erecta* Leg. p. 177; Ll. p. 150. Landes, prairies, bois. CC.

P. argentea L. Leg. p. 176; Ll. p. 148. Talus, coteaux arides. R. — Hennebont, Plouharnel.

Obs. La *P. argentea* L. a fourni à M. Jordan plusieurs espèces décrites par M. Boreau sous les nos 792 à 797. N'ayant pas été à même d'étudier notre plante de manière à décider à laquelle de ces formes elle appartient, je lui conserve le nom linnéen.

P. anserina L. Bor. n° 210; Leg. p. 176; Ll. p. 148. Bords des eaux, pelouses humides. C.

Agrimonia L.

A. Eupatoria L. Bor. n° 801; Leg. p. 179; Ll. p. 151. Haies, bords des chemins. AC.

Alchemilla L.

A. arvensis L. Bor. n° 806; Leg. p. 179; Ll. p. 151. Moissons. CC.

Poterium L.

P. muricatum Spach. Bor. n° 809; Leg. p. 821; Ll. p. 152. Lieux sablonneux, pelouses, prairies. C.

P. Guestphalicum Bœnng. Bor. n° 811. Lieux pierreux, murs. RR. — Vieux murs du château de Rochefort (M. Taslé).

P. dictyocarpum Spach. Bor. n° 812; Leg. p. 822; Ll. p. 152. Vieux murs, terrains sablonneux, surtout du littoral. PC. — Belle-île, etc.

Rosa L.

R. bibracteata Bast. Bor. nº 814; Ll. p. 156; *R. arvensis* Var. Leg. p. 185. Haies, buissons. RR. — Pénestin.

R. arvensis L. Bor. nº 815; Leg. p. 185; Ll. p. 156. Haies, buissons, bord des bois. C.

R. systyla Bast. Bor. nº 816; *R. stylosa* Leg. p. 184, non Desv. Haies, buissons. R. — Hennebont, Surzur, Vannes, bois de Gournais en Monterblanc.

R. leucochroa Desv. Bor. nº 817; Ll. p. 155. Haies, buissons. R. — Vannes, route de Séné; taillis de l'Oyon en Plœren, etc.

R. pimpinellifolia Dec. Bor. nº 833; Leg. p. 181; Ll. p. 153. Haies et coteaux de la région maritime. AC.

Var. *sabulosa* Leg. loc. cit. Dunes. AC. — Presqu'île de Quiberon, Étel, etc.

R. canina L. Bor. nº 840; Leg. p. 181 et Ll. p. 154, *exclus. Variet.* Haies. C.

R. sphærica Gren. Bor. nº 841. Haies, buissons. R. Côte d'Arradon, à l'ouest de la pointe.

R. dumalis Bechst. Bor. nº 847. Haies, bois. AC. — Bois de Gournais, haies du rivage à Roguédas.

R. corymbifera Borkh. Bor. nº 849. Haies. RR. — Vannes, à Kquer.

R. dumetorum Thuill. Bor. nº 852; Leg. p. 182 *sub R. canina;* Ll. p. 154, *R. canina* Var. Haies, buissons. R. — Surzur, Gourin, etc.

R. urbica Leman. Bor. nº 853. Haies. AC. — Vannes, route de Nantes, etc.; Muzillac.

R. platyphylla Rau. Bor. nº 854. Haies. R. — Environs de Vannes, au village de Rosvellec.

R. andegavensis Bast. Bor. nº 856; Ll. p. 154, *sub R. canina.* Haies. C.

R. Jundzilliana Bess. Bor. nº 868. Haies, buissons. RR. — Sainte-Brigitte, bords du canal.

R. sepium Thuil. Bor. n° 870; Leg. p. 183; Ll. p. 154. Haies des lieux secs, surtout sur le littoral. PC. — Lorient, Quibéron, Plouharnel, Séné.

R. rubiginosa L. Bor. n° 873; Leg. p. 183; Ll. p. 154. Haies, bois. PC. — Sarzeau, Ile-aux-Moines.

R. umbellata Leers. Bor. n° 874; *R. rubiginosa* Var. Leg. p. 184. Haies. R. — Vannes, chemin de Kthomas.

R. mollissima Fries. Bor. n° 884; *R. Andrzeiouskii* Ll. p. 155; *R. tomentosa* Leg. p. 184. Haies. PC. — Environs de Vannes, routes de Rennes et de Nantes; Saint-Avé, Sainte-Brigitte, etc.

Cratægus L.

C. monogyna Jacq. Bor. n° 888; Leg. p. 186; Ll. p. 157. Haies, buissons. CC.

Mespilus L.

M. Germanica L. Bor. n° 892; Leg. p. 187; Ll. p. 157. Haies, talus, bois. AC.

Pyrus L.

P. communis L. Bor. n° 894 *(P. Pyraster)*; Leg. p. 189; Ll. p. 157. Haies, bois. AC.

P. Achras Gœrtn. Bor. n° 896. Bois, buissons. R. — Pluherlin à Coët-Daly (M. Taslé).

Malus L.

M. communis Poir. Bor. n° 898; Leg. p. 190. Haies, bois. AC.

M. acerba Mérat. Bor. n° 899; Leg. p. 190; *M. communis* Var. Bois. R.

Sorbus L.

S. domestica L. Bor. n° 900; *Pyrus sorbus* Leg. p. 188; *Pyrus domest.* Ll. p. 158. Bois, talus. PC.

S. Aucuparia L. Bor. n° 901; *Pyrus aucup.* Ll. p. 158. Bois. PC. — Bois au nord du département, forêt de Conveau, etc.

S. torminalis Crantz. Bor. n° 902; *Pyrus torm.* Leg. p. 188; Ll. p. 158. Haies, buissons, taillis. AC.

Fam. 26. — ONAGRARIÉES.

Epilobium L.

E. angustifolium L. Bor. n° 907; Leg. p. 193; Ll. p. 159. Bois. PC. — Forêt de Camors, Pont-Sal, Plescop, tour d'Elven, forêt de Brambien.

E. hirsutum L. Bor. n° 909; Leg. p. 194; Ll. p. 159. Bords des eaux. RR. — Hennebont, Ploërmel. (Legall, fl.)

E. parviflorum Schreb. Bor. n° 910; Leg. p. 194; Ll. p. 160. Bords des eaux, marécages. AC.

Obs. Dans les marécages du littoral, la plante se montre presque glabre, avec des feuilles luisantes d'un beau vert : c'est la variété *Viride* Leg. loc. cit., qui mériterait peut-être d'être distinguée. — Belle-île, aux Grands-Sables; Quibéron, marécages à l'extrémité de la presqu'île.

E. montanum L. Bor. n° 913; Leg. p. 195; Ll. p. 161. Bois, lieux couverts. AC. Tour d'Elven, etc.

E. lanceolatum Sébast. Bor. n° 915; Leg. p. 195; Ll. p. 161. Haies, talus, vieux murs, lieux cultivés. CC.

E. palustre L. Bor. n° 916; Leg. p. 196; Ll. p. 160. Marécages. AC.

E. obscurum Schreb. Bor. n° 918; *E. tetragonum* Var. Leg. p. 196. Bords des eaux. PC.

E. tetragonum L. Bor. n° 919; Leg. p. 196; Ll. p. 161. Champs humides, bords des fossés. AC.

Isnardia L.

I. palustris L. Bor. n° 928; Leg. p. 198; Ll. p. 163. Marécages, bords des étangs. AC.

Circæa L.

C. lutetiana L. Bor. n° 929; Leg. p. 198; Ll. p. 163. Bois, lieux frais et couverts, décombres. AC.

Trapa L.

T. natans L. Bor. n° 932; Leg. p. 199; Ll. p. 165. Étangs. R. — Penmur (M. Taslé).

Fam. 27. — HALORAGÉES.

Myriophyllum L.

M. spicatum L. Bor. nº 933; Leg. p. 200; Ll. p. 164. Eaux stagnantes. AC.

M. alterniflorum Dec. Bor. nº 934; Leg. p. 200; Ll. p. 164. Eaux stagnantes, mares. C.

M. verticillatum L. Bor. nº 935; Leg. p. 200; Ll. p. 165. Étangs, fossés, lieux fangeux. AC.

Hippuris L.

H. vulgaris L. Bor. nº 936; Leg. p. 201; Ll. p. 165. Étangs, marais à fonds limoneux. RR. — Erdeven, Plouhinec, Sarzeau à Roh-Haliguen.

Callitriche L.

C. stagnalis Scop. Bor. nº 937; Leg. p. 202; Ll. p. 165. AC.

C. obtusangula Legall, fl. Morb. p. 202; Ll. p. 166. R. — Sarzeau.

C. platycarpa Kutzing. Bor. nº 938; Leg. p. 203, Obs. C.

C. vernalis Kutz. Bor. nº 939; Leg. p. 201; Ll. p. 166. C.

C. hamulata Kutz. Bor. nº 941; *C. autumnalis* Leg. p. 202; Ll. p. 166.

C. truncata Gusson. Bor. nº 942. R. — A Pénesclus près Muzillac (M. Taslé).

Obs. Toutes les espèces de ce genre sont des plantes aquatiques qui croissent dans les fossés, les ruisseaux et les fontaines.

Fam. 28. — CÉRATOPHYLLÉES.

Ceratophyllum L.

C. demersum L. Bor. nº 943; Leg. p. 203; Ll. p. 167. Étangs, rivières. AC.

C. submersum L. Bor. nº 944; Leg. p. 204; Ll. p. 167. Marais, eaux stagnantes. RR.

Fam. 29. — LYTHRARIÉES.

Lythrum L.

L. Salicaria L. Bor. nº 945; Leg. p. 204; Ll. p. 167. Bords des eaux. CC.

L. Hyssopifolia L. Bor. nº 946; Leg. p. 205; Ll. p. 168. Fossés, champs humides. PC. — Assez commun vers l'embouchure de la Vilaine, Coëtsurho, Pénestin, etc.

Peplis L.

P. Portula L. Bor. nº 948; Leg. p. 205; L. p. 168. Fossés, bords des eaux stagnantes. CC.

Fam. 30. — TAMARISCINÉES.

Tamarix L.

T. anglica Web. Bor. nº 950; Leg. p. 206; Ll. p. 169. Buissons des sables maritimes, chaussées des salines. AC.

Fam. 31. — CUCURBITACÉES.

Bryonia L.

B. dioïca Jacq. Bor. nº 951; Leg. p 191; Ll. p. 170. Haies, buissons. AC.

Ecballium Rich.

E. Elaterium Rich. Bor. nº 952; Leg. p. 192; Ll. p. 170. Décombres, lieux pierreux. RR. — La Roche-Bernard, Vannes. Probablement importé et à peine naturalisé.

Fam. 32. — PORTULACÉES.

Portulaca L.

P. oleracea L. Bor. nº 956; Leg. p. 209; Ll. p. 171. Jardins, lieux cultivés. AC.

Montia L.

M. minor Gmel. Bor. nº 957; *M. fontana* Var. *minor* Leg. p. 208; Ll. p. 171. Pelouses humides, champs sablonneux. C.

M. rivularis Gmel. Bor. nº 958; *M. fontana* Leg. p. 208; Ll. p. 171. Fontaines, ruisseaux. C.

Fam. 33. — PARONYCHIÉES.

Scleranthus L.

S. annuus L. Bor. n° 959; Leg. p. 212; Ll. p. 173. Murs, talus, champs. CC.

S. perennis L. Bor. n° 960; Leg. p. 212; L. p. 173. Coteaux arides. RR. — Néant, Tréhorenteuc.

Polycarpon L.

P. tetraphyllum L. Bor. n° 961; Leg. p. 211; Ll. p. 172. Vieux murs, talus, dans la région maritime. AC.

Illecebrum L.

I. verticillatum L. Bor. n° 963; Leg. p. 211; Ll. p. 172. Lieux sablonneux, humides, mares desséchées. C.

Herniaria L.

H. glabra L. Bor. n° 964; Leg. p. 211; Ll. p. 172. Lieux sablonneux, dunes. AC.

H. hirsuta L. Bor. n° 965; Leg. p. 210; Ll. p. 172. Champs sablonneux, dunes. AC.

Corrigiola L.

C. littoralis L. Bor. n° 966; Leg. p. 210; Ll. p. 171. Bord des eaux, terrains sablonneux, humides. C.

Fam. 34. — CRASSULACÉES.

Tillæa L.

T. muscosa L. Bor. n° 967; Leg. p. 213; Ll. p. 174. Lieux sablonneux humides, sentiers des landes, sables maritimes. AC.

Sedum L.

S. purpurescens Koch. Bor. n° 971; *S. telephium* Leg. p. 214; *S. fabaria* Ll. p. 174. Haies, lieux couverts, bord des eaux. AC. — Taillis de l'Oyon près Vannes, Baud, Napoléonville, etc.

S. Cepæa L. Bor. n° 974; Leg. p. 214; Ll. p. 174. Haies, lieux pierreux. R. — Vannes, Auray, Camors, etc.

S. album L. Bor. n° 975; Leg. p. 214; Ll. p. 175. Murs, rochers. PC. Introduit à Vannes par M. Taslé en 1847. C'est par erreur que Legall indique cette plante comme très commune dans le département.

S. micranthum Bast. Bor. n° 976; Leg. p. 822; Ll. p. 175. Rochers, lieux pierreux. RR. — Embouchure de la Vilaine à Coëtsurho; introduit à Vannes par M. Taslé depuis 1847.

S. anglicum Huds. Bor. n° 977; Leg. p. 215; Ll. p. 175. Murs, rochers, toits de chaume. CC.

S. rubens L. sp. Bor. n° 718; Leg. p. 215; Ll. p. 176. Talus, champs, vignes. AC. dans la région maritime.

S. acre L. Bor. n° 985; Leg. p. 215; Ll. p. 176. Murs, toits de chaume, sables. C. mais seulement dans la région maritime.

S. albescens Haw. Bor. n° 990; *S. reflexum* Var. *glaucum* Leg. p. 216; id. Var. *rupestre* Ll. p. 178. Rochers, lieux pierreux. R. — Belle-île (M. Taslé).

S. reflexum L. Bor. n° 991 ; Leg. p. 216; Ll. p. 177. Murs, lieux sablonneux. AC. dans la région maritime.

Sempervivum L.

S. tectorum L. Bor. n° 994; Leg. p. 216; Ll. p. 178. Vieux murs, toits de chaume. AC. Plante naturalisée.

Umbilicus Dec.

U. pendulinus Dec. Bor. n° 999; Leg. p. 217; Ll. p. 178. Talus, pied des haies, murs. CC.

Obs. La famille des grossulariées n'est représentée dans la flore de France que par le genre *Ribes* dont aucune espèce n'est spontanée dans notre département.

Fam. 35. — SAXIFRAGÉES.

Saxifraga L.

S. tridactylites L. Bor. n° 1006; Leg. p. 219; Ll. p. 180. Murs, sables. AC. surtout dans la région maritime. — Vannes, etc.

S. granulata L. Bor. n° 1007; Leg. p. 219; Ll. p. 180. Rochers. RR. — Ile de Groix.

Chrysosplenium L.

C. oppositifolium L. Bor. nº 1016 ; Leg. p. 220 ; Ll. p. 180. Bord des ruisseaux, lieux couverts et humides. AC.

Fam. 36. — OMBELLIFÈRES.

Hydrocotyle L.

H. vulgaris L. Bor. nº 1018; Leg. p. 250; Ll. p. 181. Marais, lieux inondés pendant l'hiver. C.

Sanicula L.

S. europæa L. Bor. nº 1019; Leg. p. 251; Ll. p. 183. Bois. PC.

Eryngium L.

E. campestre L. Bor. nº 1021; Leg. p. 252; Ll. p. 181. Lieux stériles, dunes. C.

E. maritimum L. Bor. nº 1022; Leg. p. 252; Ll. p. 182. Sables maritimes. AC.

E. viviparum Guy. Ll. p. 182; *E. pusillum* Leg. p. 253 et 825. Landes du littoral dans les dépressions où l'eau séjourne l'hiver. RR. — Séné, Plœmel, Carnac, Erdeven, Plouharnel.

Apium L.

A. graveolens L. Bor. nº 1024; Leg. p. 245; Ll. p. 190. Marécages et rochers humides au bord de la mer. C.

Petroselinum Hoffm.

P. sativum Hoffm. Bor. nº 1025; Leg. p. 242; Ll. p. 191. Naturalisé sur les murs, et surtout sur les rochers au bord de la mer.

P. segetum Koch. Bor. nº 1026; Leg. p. 242; Ll. p. 190. Haies, lieux pierreux. RR. — Sarzeau, Quibéron, Belle-île, Caudan.

Helosciadium Koch.

H. nodiflorum Koch. Bor. nº 1028; Leg. p. 234: Ll. p. 193. Fossés, ruisseaux. C.

H. inundatum Koch. Bor. n° 1030; Leg. p. 235; Ll. p. 193. Marais, fossés. C.

Sison Koch.

S. Amomum L. Bor. n° 1033; Leg. p. 240; Ll. p. 194. Haies, pied des murs. AC.

Ammi L.

A. majus L. Bor. n° 1034; Leg. p. 241; Ll. p. 195. Champs, lieux sablonneux, dans la région maritime. PC.

A. glaucifolium L. Bor. n° 1035; *A. majus* Var. *glaucif.* Leg. p. 241; Ll. p. 195; Mêlé avec le précédent.

A. intermedium Dec. Bor. n° 1036. Talus, lieux cultivés. AC.

Obs. Beaucoup de botanistes réunissent ces trois plantes qui sont en effet bien voisines.

Œgopodium L.

Œ. podagraria L. Bor. n° 1037; Leg. p. 240; Ll. p. 195. Lieux frais et couverts. RR. Cette plante, signalée dans quelques anciens jardins à Vannes et à Napoléonville, parait étrangère au pays.

Carum L.

C. verticillatum Koch. Bor. n° 1038; Leg. p. 234; Ll. p. 196. Prairies humides, marécages. C.

Conopodium Koch.

C. denudatum Koch. Bor. n° 1041; Leg. p. 239; Ll. p. 196. Champs, prés, talus. CC.

Pimpinella L.

P. magna L. Bor. n° 1042; Leg. p. 238; Ll. p. 196. Haies humides, bois frais. R. — Elven, Plaudren, Napoléonville, Faouët, Allaire.

P. saxifraga L. Bor. n° 1043; Leg. p. 238; Ll. p. 197. Dunes, pelouses, bords des chemins dans la région maritime. AC. — Plante variable par sa taille plus ou moins élevée et ses feuilles plus ou moins découpées.

Sium L.

S. latifolium L. Bor. nº 1044; Leg. p. 236; Ll. p. 198. Fossés, eaux paisibles. AC.

S. angustifolium L. Bor. nº 1045; Leg. p. 237; Ll. p. 197. Marais saumâtres. R. — Plouhinec, Plœmeur.

Buplevrum L.

B. tenuissimum L. Bor. nº 1046; Leg. p. 244; Ll. p. 183. Pelouses, bords des chemins, dans la région maritime. PC. — Environs de Vannes, Rosvellec, Séné, Sarzeau.

B. aristatum Bartl. Bor. nº 1049; Leg. p. 245; Ll. p. 185. Dunes, pelouses sèches du littoral. R. — Falaise de Quibéron, Belle-île, Houat, presqu'île de Gâvre.

Œnanthe L.

Œ. phellandrium Lam. Bor. nº 1056; Leg. p. 229; Ll. p. 200. Marais, fossés, bords des rivières. PC. — Bords de l'Ars et de l'Oust.

Œ. fistulosa L. Bor. nº 1057; Leg. p. 229; Ll. p. 198. Marais, fossés. C.

Œ. peucedanifolia Pollich. Bor. nº 1058; Leg. p. 231; Ll. p. 198. Prés humides. CC.

Œ. Lachenalii Gmel. Bor. nº 1060; Leg. p. 230; Ll. p. 199. Prés marécageux du littoral. AC.

Œ. pimpinelloïdes L. Bor. nº 1061; Leg. p. 824; Ll. p. 199. Prés, bois. RR. — Séné, Arradon.

Œ. crocata L. Bor. nº 1062; Leg. p. 231; Ll. p. 199. Fossés, ruisseaux. CC.

Œthusa L.

Œ. Cynapium L. Bor. nº 1063; Leg. p. 232; Ll. p. 200. Lieux cultivés, jardins. C.

Fœniculum Hoffm.

F. officinale All. Bor. nº 1064; Leg. p. 228; Ll. p. 200. Lieux pierreux, fentes des rochers, sur le littoral. AC.

Silaüs Besser.

S. pratensis Bess. Bor. nº 1072; Leg. p. 233; Ll. p. 202. Prairies humides, endroits marécageux dans les dunes. PC. — Gâvre, Quibéron, Sarzeau.

Crithmum L.

C. maritimum L. Bor. nº 1076; Leg. p. 233; Ll. p. 202. Rochers maritimes. C.

Obs. Cette plante a été signalée dans l'intérieur du département, à Guémené où elle a dû être importée.

Angelica L.

A. sylvestris L. Bor. nº 1079; Leg. p. 250; Ll. p. 202. Bords des ruisseaux, lieux frais et couverts. C.

Peucedanum L.

P. officinale L. Bor. nº 1082; Leg. p. 246; Ll. p. 203. Haies, bord des champs incultes. RR. Sarzeau, à la pointe Saint-Jacques; rive droite de la Vilaine, à son embouchure.

P. gallicum Latourette. Bor. nº 1083; Leg. p. 247, *P. parisiense* Ll. p. 204. Prés, bord des haies. AR. — Auray, Saint-Perreux, Vannes à Plaisance.

P. palustre Mœnch. Bor. nº 1088; Leg. p. 248; Ll. p. 205. Marais, bords des ruisseaux couverts. AR. — Rochefort, Languidic, Plouay, Baud, forêt de Camors, Saint-Perreux.

Pastinaca L.

P. opaca Bernh. Bor. nº 1091; *P. sativa* Leg. p. 249; *P. sylvestris* Ll. p. 206. Haies, bords des chemins. R. — Sarzeau, Locmariaker, Lorient.

Heracleum L.

H. occidentale Bor. fl. cent. nº 1094. Prairies. AC. — Vannes, Elven, etc.

H. pratense Jord. Bor. nº 1095. Prairies. C.

H. æstivum Jord. Bor. nº 1096. Bois, prairies ombragées. AC. — Saint-Avé, Pluherlin, Lorient, etc.

H. armoricum Bor. Arr. Bull. Soc. Polym. 1863. Fruit beaucoup plus long que large, rétréci à la base, bandelettes commissurales égalant au moins la moitié du méricarpe, presque droites et non renflées en massue. Prairies. PC. — Vannes, Beauregard en Saint-Avé, Sarzeau.

Obs. Ces quatre plantes sont réunies par MM. Legall (p. 248) et Ll. (p. 207) sous le nom de *H. Sphondylium.*

Tordylium L.

T. maximum L. Bor. nº 1097; Leg. p. 824; Ll. p. 207. Lieux pierreux, bord des haies. RR. Embouchure de la Vilaine, Coëtsurho en Arzal, Billiers.

Daucus L.

D. Carotta L. Bor. nº 1100; Leg. p. 225; Ll. p. 188. Prés, champs. CC.

D. gummifer Lam. Ll. p. 188; *D. hispidus* Leg. p. 225. Rochers maritimes. R. — Belle-île, Houat, Guidel, Plœmeur.

Torilis Adanson.

T. Anthriscus Gmel. Bor. nº 1104; Leg. p. 227; Ll. p. 186. Haies, buissons. C.

T. helvetica Gmel. Bor. nº 1106; Leg. p. 227; Ll. p. 186. Champs, bords des haies. C.

T. heterophylla Guss. Bor. nº 1107; Leg. p. 823; Ll. p. 186. Haies, broussailles. R. — Vannes, Sarzeau, Ile-aux-Moines.

T. nodosa Gœrtn. Bor. nº 1108; Leg. p. 228; Ll. p. 187. Lieux secs et incultes. — AC. dans la région maritime.

Scandix L.

S. Pecten Veneris L. Bor. nº 1109; Leg. p. 221; Ll. p. 185. Moissons. CC.

Anthriscus Pers.

A. vulgaris Pers. Bor. nº 1110; Leg. p. 222; Ll. p. 186. Bords des chemins, décombres. AC. dans la région maritime.

A. sylvestris Hoffm. Bor. n° 1112; Leg. p. 221; Ll. p. 185. Haies, lieux frais et couverts. AC.

Obs. L'*A. Cerefolium* (cerfeuil) est cultivé et subspontané dans les jardins.

Chœrophyllum L.

C. temulum L. Bor. n° 1113; Leg. p. 223; Ll. p. 185. Haies, buissons. CC.

Conium L.

C. maculatum L. Bor. n° 1118; Leg. p. 243; Ll. p. 192. Haies, lieux pierreux. C.

Smyrnium L.

S. Olusatrum L. Bor. n° 1119; Leg. p. 244; Ll. p. 193. Haies, décombres. AC. mais seulement dans la région maritime. — Belle-île, Plouharnel, Ile-aux-Moines, Séné, Vannes à Trussac.

Fam. 37. — ARALIACÉES.

Hedera L.

H. Helix L. Bor. n° 1122; Leg. p. 255; Ll. p. 208. Murs, rochers, troncs d'arbres. CC.

Cornus L.

C. sanguinea L. Bor. n° 1123; Leg. p. 255; Ll. p. 208. Haies, bois. AC.

Fam. 38. — LORANTHACÉES.

Viscum L.

V. album L. Bor. n° 1125; Leg. p. 256. Ll. p. 209. Parasite sur les pommiers, poiriers, peupliers, etc., n'a jamais été rencontré sur le chêne.

Fam. 39. — CAPRIFOLIACÉES.

Sambucus L.

S. Ebulus L. Bor. n° 1127; Leg. p. 257; Ll. p. 210. Terres en friche, bords des chemins. AC.

S. nigra L. Bor. n° 1128; Leg. p. 257; Ll. p. 210. Haies, bois. AC.

Viburnum L.

V. Opulus L. Bor. nº 1131 ; Leg. p. 258; Ll. p. 211. Haies fraîches, bord des eaux. AC.

Lonicera L.

L. Periclymenum L. Bor. nº 1132; Leg. p. 258; Ll. p. 211. Haies, bois. CC.

FAM. 40. — RUBIACÉES.

Rubia L.

R. peregrina L. Bor. nº 1141 ; Leg. p. 259; Ll. p. 212. Buissons de la région maritime. AC. — Arradon, Séné, etc. ; Saint-Jacut, sur le calcaire de Bois-David (M. Desmars).

OBS. Le *R. tinctorum* a été vu quelquefois dans le voisinage des habitations.

Galium L.

G. cruciata Scop. Bor. nº 1142; Leg. p. 260; Ll. p. 212. Haies, buissons. C.

G. verum L. Bor. nº 1144; Leg. p. 262; Ll. p. 212. Prés, bords des chemins. AC.

G. decolorans Gren. Bor. nº 1145; Ll. p. 213. Lieux secs. RR. — Vannes, talus du pré Bodan (M. Taslé).

G. arenarium Lois. Bor. nº 1147; Leg. p. 260; Ll. p. 213. Sables maritimes. CC.

G. neglectum Leg. fl. Morb. p. 262; Bor. nº 1159; Ll. p. 213. Bords des talus dans les dunes. R. — Pénestin, Sarzeau, Quiberon, Plœmeur.

G. saxatile L. Bor. nº 1155; Leg. p. 265; Ll. p. 216. Rochers, talus, landes. C.

G. elatum Thuil. Bor. nº 1156. Haies et bois. AC.

G. dumetorum Jord. Bor. nº 1157. Haies et buissons. AC. — Vannes (M. Taslé).

G. album Lam. Bor. nº 1158. Haies, pied des murs, buissons. CC.

G. erectum Huds. Bor. n° 1160. Lieux secs, pâturages. R. — Kavelo en Arradon (M. Taslé).

Obs. Les quatre espèces qui précèdent sont des démembrements du *G. mollugo* L. décrit dans la fl. Morb. p. 263 et dans la fl. Ouest. p. 214.

G. elongatum Presl. Bor. n° 1163; Ll. p. 215. Obs. Haies humides. AC.

G. palustre L. Bor. n° 1164; Leg. p. 264; Ll. p. 215. Marais, lieux fangeux. C.

G. constrictum Chaub. Bor. n° 1166; Leg. p. 265; Ll. p. 215. Prés tourbeux. AR. — Lorient, Hennebont, Étel, Saint-Perreux.

G. uliginosum L. Bor. n° 1167; Leg. p. 264; Ll. p. 214. Prés marécageux. AR. — Lorient, Baud, Ploërmel, Muzillac.

G. anglicum Huds. Bor. n° 1170; Leg. p. 263; Ll. p. 216. Lieux secs et pierreux. R. — Belle-île, Quibéron, Port-Louis, Plouharnel, Baden, etc.

G. Aparine L. Bor. n° 1172; Leg. p. 265; Ll. p. 217. Haies, buissons, lieux cultivés. C.

G. spurium L. Bor. n° 1173; Leg. p. 827; Ll. p. 217. Moissons. RR. — Vannes, Ploërmel..

Asperula L.

A. Cynanchica L. Bor. n° 1178; Leg. p. 266; Ll. p. 218. Dunes et coteaux maritimes. AC.

Sherardia L.

S. arvensis L. Bor. n° 1181, Leg. p. 267; Ll. p. 219. Lieux cultivés, moissons. C.

Fam. 41. — VALÉRIANÉES.

Valeriana L.

V. officinalis L. Bor. n° 1183; Leg. p. 270; Ll. p. 220. Bords des eaux, lieux humides et couverts. AC.

Centranthus Dec.

C. latifolius Dufr. Bor. n° 1188; Leg. p. 271. Vieux murs. AC. — Vannes, etc.

Valerianella Tourn.

V. olitoria Mœnch. Bor. n° 1190; Leg. p. 268; Ll. p. 221. Lieux cultivés, murs, talus. C.

V. carinata Lois. Bor. n° 1191; Leg. p. 268; Ll. p. 221. Lieux cultivés, talus, dunes. C.

V. Auricula Dec. Bor. n° 1192; Leg. p. 268; Ll. p. 222. Moissons du littoral. AC.

V. Morisonii Dec. Bor. n° 1193; Leg. p. 269; L. p. 221. Moissons du littoral. R. — Lorient, Quibéron.

V. eriocarpa Desv. Bor. n° 1194; Leg. p. 269; Ll. p. 221. Dunes et moissons du littoral. AC.

Fam. 42. — DIPSACÉES.

Dipsacus L.

D. sylvestris Mill. Bor. n° 1197; Leg. p. 273; Ll. p. 223. Champs incultes, bords des chemins. AC.

Knautia Coult.

K. arvensis Coult. Bor. n° 1201; *Scabiosa arv.* Leg. p. 272; Ll. p. 224. Champs, prés, coteaux. C.

Scabiosa L.

S. succisa L. Bor. n° 1214; Leg. p. 272; Ll. p. 224. Prés, bois frais, landes humides. CC.

Fam. 43. — COMPOSÉES.

A. — Corymbifères.

Eupatorium L.

E. cannabinum L. Bor. n° 1215; Leg. p. 299; Ll. p. 225. Bords des eaux, marais. C.

Tussilago L.

T. Farfara L. Bor. n° 1220; Leg. p. 292; Ll. p. 225. Vignes, champs humides, pied des rochers. RR. — Plœmeur, Hennebont, Coëtsurho en Arzal.

Aster L.

A. Tripolium L. Bor. n° 1223; Leg. p. 283; Ll. p. 227. Marécages maritimes. C.

Erigeron L.

E. canadensis L. Bor. n° 1224; Leg. p. 285 Obs.; Ll. p. 228. Lieux sablonneux. RR. — Plante récemment introduite dans plusieurs gares du chemin de fer.

E. acris L. Bor. n° 1225; Leg. p. 284; Ll. p. 228. Lieux incultes, dunes. RR. — Falaise de Quibéron, Belle-île.

Bellis L.

B. perennis L. Bor. n° 1228; Leg. p. 282; Ll. p. 227. Prés, pelouses. CC.

Solidago L.

S. Virga aurea L. Bor. n° 1229; Leg. p. 285; Ll. p. 228. Bois, landes. C.

Linosyris L.

L. vulgaris Cass. Bor. n° 1235; Ll. p. 227; *Chrysocoma Linos.* Leg. p. 298. Sables, coteaux pierreux. RR. — Belle-île, hâvre de Donnan.

Inula L.

I. Helenium L. Bor. n° 1237; Ll. p. 230. Haies, prés humides. RR. — Saint-Gildas, La Trinité-Surzur; Vannes, à Klan.

I. Conyza Dec. Bor. n° 1238; Ll. p. 231; *Conyza squarrosa* Leg. p. 297. Bords des bois, lieux pierreux. AC.

I. britanica L. Bor. n° 1240; Leg. p. 287; Ll. p. 231. Bord des eaux. RR. — Belle-île, où elle a été signalée autrefois, mais non revue par les botanistes récents.

I. graveolens Desf. Bor. n° 1245; Ll. p. 232; *Solidago grav.* Leg. p. 285. Champs en friche, pied des murs. AC. dans la région maritime.

I. crithmoïdes L. Bor. nº 1246; Leg. p. 286; Ll. p. 232. Rochers maritimes, chaussées des salines. AR.

I. Pulicaria L. Bor. nº 1247; Leg. p. 288; Ll. p. 232. Bords des chemins, lieux inondés l'hiver. C.

I. dyssenterica L. Bor. nº 1248; Leg. p. 287; Ll. p. 232. Fossés, lieux humides. AC.

Bidens L.

B. tripartita L. Bor. nº 1252; Leg. p. 294; Ll. p. 233. Fossés, bord des eaux. C.

B. cernua L. Bor. nº 1253; Leg. p. 293; Ll. p. 233. Fossés, marécages. C.

Anthemis L.

A. nobilis L. Bor. nº 1254; Leg. p. 276; Ll. p. 241. Bords des chemins, pelouses fraîches. CC.

A Cotula L. Bor. nº 1255; Leg. p. 277; Ll. p. 241. Moissons. CC.

A. mixta L. Bor. nº 1256; Leg. p. 277; Ll. p. 242. Champs sablonneux de la région maritime. PC. — Sarzeau, Billiers, Pénestin, etc.

A. arvensis L. Bor. nº 1257; Leg. p. 277; Ll. p. 242. Champs cultivés. AC.

Achillæa L.

A. Millefolium L. Bor. nº 1260; Leg. p. 275; Ll. p. 241. Bords des chemins, lieux incultes. CC.

Obs. Sur les coteaux maritimes et dans les dunes, la plante est naine, tomenteuse-blanchâtre; c'est la variété *candicans* Leg. loc. cit.

A. Ptarmica L. Bor. nº 1261; Leg. p. 275; Ll. p. 241. Prés humides. AC.

Diotis Desf.

D. candidissima Desf. Bor. nº 1262; Leg. p. 295; Ll. p. 239. Sables maritimes. AC. — Belle-île, falaise de Quibéron, Pénestin, etc.

Leucanthemum Tourn.

L. vulgare Lam. Bor. n° 1264; *Chrysanthemum leucanth.* Leg. p. 280; Ll. p. 245. Prés, bords des champs. CC.

Matricaria L.

M. Chamomilla L. Bor. n° 1268; Leg. p. 278; Ll. p. 242. Moissons des terrains sablonneux. C.

M. inodora L. Bor. n° 1269; *Chrysanthemum inod.* Leg. p. 279; Ll. p. 243. Champs, lieux sablonneux. C.

M. maritima L. Bor. n° 1270; *Chrys. marit.* Leg. p. 279; voir Ll. p. 243. Sables et rochers maritimes. C.

Pyrethrum Gœrtn.

P. Parthenium Sm. Bor. n° 1272; *Chrys. Parth.* Leg. p. 280; Ll. p. 244. Vieux murs, lieux pierreux, décombres. AR. — Quibéron, Hennebont, Ploërmel, Vannes sur les remparts, etc.

Chrysanthemum Dec.

C. segetum L. Bor. n° 1273; Leg. p. 281; Ll. p. 245. Moissons. C.

Artemisia L.

A. Absinthium L. Bor. n° 1274, Leg. p. 829; Ll. p. 238. Bords des chemins, talus, dans la région maritime. RR. — Locmariaquer, Baden, Coëtsurho en Arzal.

A. maritima L. Bor. n° 1276; Leg. p. 828; Ll. p. 238. Bord des marais salants, lieux pierreux des bords de la mer. RR. — Surzur, Séné, Broël en Arzal.

A. crithmifolia L. Leg. p. 296; *A. campestris* Var. *maritima* Ll. p. 237. Sables maritimes. AR. — Belle-ile, Gâvre, falaise de Quibéron.

A. vulgaris L. Bor. n° 1278; Leg. p. 296; Ll. p. 238. Haies, bords des chemins. PC.

Tanacetum L.

T. vulgare L. Bor. n° 1279; Leg. p. 295; Ll. p. 239. Haies, bords des chemins, dans le voisinage des habitations. R. — Vannes, Lorient, Belle-île, Napoléonville.

Helichrysum Dec.

H. Stœchas Dec. Bor. nº 1280; Leg. p. 304; Ll. p. 237. Sables maritimes. AC.

Gnaphalium L.

G. sylvaticum L. Bor. nº 1281; Leg. p. 303; Ll. p. 235. Bois élevés. R. — Forêt de Camors.

G. uliginosum L. Bor. nº 1283; Leg. p. 303; Ll. p. 236. Lieux fangeux. C.

G. luteo album L. Bor. nº 1284; Leg. p. 304; Ll. p. 236. Sables humides. AC. dans la région maritime; RR. à l'intérieur.

Filago L.

F. lutescens Jord. Bor. nº 1288; Leg. p. 829; Ll. p. 233. Champs de la région maritime. AC. — Séné, Quibéron, etc.

F. canescens Jord. Bor. nº 1289; *F. germanica* Leg. p. 300; Ll. p. 233. Champs. C.

F. montana L. Bor. nº 1292; Leg. p. 301; Ll. p. 235. Champs sablonneux, landes. C.

F. gallica L. Bor. nº 1293; Leg. p. 302; Ll. p. 235. Champs. C.

Senecio L.

S. vulgaris L. Bor. nº 1301; Leg. p. 291; Ll. p. 247. Lieux cultivés ou incultes. CC.

S. sylvaticus L. Bor. nº 1303; Leg. p. 291; Ll. p. 247. Champs sablonneux, bords des bois. AC.

S. Jacobœa L. Bor. nº 1307; Leg. p. 289; Ll. p. 247. Prés, bords des chemins. CC.

S. aquaticus Huds. Bor. nº 1309; Leg. p. 290; Ll. p. 248. Prés humides, bord des eaux.

S. erraticus Bert. Bor. nº 1311; *S. aquat.* Var. Leg. p. 290; Ll. p. 248; Mêmes lieux. AC. (Legall, loc. cit.)

Calendula L.

C. arvensis L. Bor. nº 1317; Leg. p. 283; Ll. p. 249. Champs, vignes. AC. dans la région maritime. — Lorient, Carnac, Sarzeau, Pénestin.

B. — Cynarocéphales.

Carlina L.

C. vulgaris L. Bor. n° 1321 ; Leg. p. 313 ; Ll. p. 253. Lieux arides, bords des chemins. AC. surtout dans la région maritime.

Centaurea L.

C. serotina Bor. fl. cent. n° 1330; Ll. p. 255. Bord des champs, des bois. C.

C. pratensis Thuil. Bor. n° 1333; Ll. p. 255. Prairies, pelouses. CC.

Obs. Ces deux plantes sont indiquées par Legall (p. 316) comme deux variétés de la *C. Jacea* dont le type est étranger à nos contrées.

C. consimilis Bor. fl. cent. n° 1334. Prés, lieux découverts. PC. — Vannes, à Tréhuinec, etc.

C. obscura Jord. Bor. n° 1335. Haies des prés, buissons. AC. Saint-Nolf, etc.

C. nigra L. Bor. n° 1336; Leg. p. 316; Ll. p. 256. Buissons, prés couverts. C.

Obs. En 1862, M. Taslé a trouvé, dans une prairie de création récente, à Arradon, le *C. microptilon* qui est évidemment une plante importée.

C. Cyanus L. Bor. n° 1341 ; Leg. p. 317 ; Ll. p. 256. Moissons. CC.

C. Calcitrapa L. Bor. n° 1352; Leg. p. 317; Ll. p. 257. Lieux stériles de la région maritime. AC.

C. aspera L. Bor. n° 1354; Leg. p. 318; Ll. p. 257. Sables maritimes. RR. — Fort Penthièvre (Leg. fl) ; port de l'Ile-aux-Moines (M. Taslé).

Kentrophyllum Neck.

K. lanatum Duby. Bor. n° 1355; Leg. p. 314; Ll. p. 254. Lieux pierreux de la région maritime. AC.

Sylibum Vaill.

S. Marianum Gœrtn. Bor. n° 1357; Leg. p. 314; Ll. p. 252. Décombres, lieux incultes de la région maritime. AC.

Onopordum L.

O. acanthium L. Bor. n° 1358; Leg. p. 306; Ll. p. 252. Lieux incultes de la région maritime. AC.

Carduus L.

C. tenuiflorus Sm. Bor. n° 1359; Leg. p. 308; Ll. p. 251. Lieux incultes, bords des chemins. C.

C. nutans L. Bor. n° 1363; Leg. p. 308, Ll. p. 252. Bords des chemins. C.

Cirsium Tourn.

C. palustre Scop. Bor. n° 1366; Leg. p. 310; Ll. p. 250. Marais, bords des ruisseaux. C.

C. lanceolatum Scop. Bor. n° 1367; Leg. p. 307; Ll. p. 249. Lieux incultes, bords des chemins. CC.

C. acaule All. Bor. n° 1370; Leg. p. 310; Ll. p. 250. Pelouses, bords des chemins. RR. — Hennebont, Belle-île.

C. bulbosum Dec. Bor. n° 1372; Leg. p. 311; Ll. p. 251. Prés marécageux, terrains frais et rocailleux de la région maritime. R. — Lorient, etc.

C. anglicum Dec. Bor. n° 1373; Leg. p. 311; Ll. p. 250. Prés marécageux. C.

C. arvense Lam. Bor. n° 1374; Leg. p. 312; Ll. p. 251. Champs, bords des chemins. C.

Lappa Tourn.

L. minor Dec. Bor. n° 1380; Leg. p. 305; Ll. p. 253. Talus, bords des chemins. AC.

L. major Gœrtn. Bor. n° 1381; Leg. p. 306; Ll. p. 253. Lieux incultes, rocailleux du littoral. R. — Gâvre, Guidel, Théhillac.

Serratula L.

S. tinctoria L. Bor. nº 1383; Leg. p. 312; Ll. p. 254. Landes, bois. C.

C. — Chicoracées.

Scolymus L.

S. Hispanicus L. Bor. nº 1385; Leg. p. 319; Ll. p. 259. Sables, terrains pierreux de la région maritime. R. — Houat, Belle-île, Sarzeau, Saint-Gildas, Pénestin.

Lapsana L.

L. communis L. Bor. nº 1386; Leg. p. 319; Ll. p. 259. Lieux cultivés. CC.

Arnoseris Gœrtn.

A. pusilla Gœrtn. Bor. nº 1387; Ll. p. 260; *Lapsana minima* Leg. p. 319. Pelouses, moissons. C.

Cichorium L.

C. Intybus L. Bor. nº 1389; Leg. p. 320; Ll. p. 260. Pelouses, bords des chemins. Région maritime, AC.; à l'intérieur, RR. — Napoléonville, Baud, etc.

Tolpis Adans.

T. umbellata Bert. Bor. nº 1390; Leg. p. 321; Ll. p. 261. Coteaux arides. RR. — Belle-île.

Hypochæris L.

H. glabra L. Bor. nº 1391; Leg. p. 322; Ll. p. 266. Lieux sablonneux, coteaux pierreux de la région maritime. AC.

H. radicata L. Bor. nº 1392; Leg. p. 322; Ll. p. 266. Prés, bords des chemins. CC.

Thrincia Roth.

T. hirta Roth. Bor. nº 1394; Leg. p. 323; Ll. p. 261. Pelouses, bords des chemins. C.

Leontodon L.

L. autumnalis L. Bor. nº 1395; Leg. p. 324; Ll. p. 262. Prés, pelouses fraîches. PC.

Tragopogon L.

T. pratensis L. Bor. nº 1400 ; Leg. p. 327 ; Ll. p. 264. Prés. RR. — Erdeven.

T. porrifolius L. Bor. nº 1403 ; Leg. p. 328 et 831 ; Ll. p. 263. RR. — Prairies au sud de Sarzeau ; murs à Palais. Plante naturalisée.

Scorzonera L.

S. plantaginea Schleich. Bor. nº 1405 ; *S. humilis* Leg. p. 326 ; Ll. p. 264. Prés, bois humides. CC.

S. Hispanica L. Bor. nº 1407 ; Ll. p. 264. Plante cultivée ; naturalisée sur des murs dans l'intérieur de la ville de Vannes, et spécialement à l'hospice de l'Humanité où elle se maintient depuis plus de trente ans (M. Taslé).

S. glastifolia Wildn. Bor. nº 1408. Également naturalisée sur les murs de l'hospice de l'Humanité (M. Taslé).

Picris L.

P. hieracioides L. Bor. nº 1407 ; Leg. p. 325 ; Ll. p. 262. Lieux incultes, bord des haies, R. — Lorient, Hennebont, Belz.

Helminthia Juss.

H. echioides Gœrtn. Bor. nº 1412 ; Leg. p. 325 ; Ll. p. 262. Lieux frais, bord des chemins. RR. — Belle-île, Riantec, Sarzeau.

Lactuca L.

L. Scariola L. Bor. nº 1414 ; Leg. p. 332 ; Ll. p. 268. Lieux pierreux, vieux murs. PC. — Lorient, Auray, Séné, La Roche-Bernard, Férel.

L. virosa L. Bor. nº 1416 ; Leg. p. 332 ; Ll. p. 268. Lieux pierreux, murs, talus. AC.

L. saligna L. Bor. nº 1417 ; Leg. p. 332 ; Ll. p. 268. Lieux pierreux, bords des chemins. RR. — Auray, Larmor en Plœmeur.

L. muralis Fres. Bor. nº 1418 ; Ll. p. 268 ; *Prenanthes mur.* Leg. p. 334. Vieux murs, lieux couverts. AR. — Hennebont, Bois-de-La-Roche en Loyat, tour d'Elven, forges des Salles, chapelle Sainte-Barbe à Faouët, etc.

Chondrilla L.

C. juncea L. Bor. n° 1421; Leg. p. 333; Ll. p. 257. Sables maritimes. R. — Sarzeau, Billiers.

Taraxacum Hall.

T. officinale Wigg. Bor. n° 1423; Leg. p. 328; Ll. p. 267. Prés, champs. CC.

T. erythrospermum Andrz. Bor. n° 1427. Prés, lieux cultivés, dunes. AC. — Vannes, Aucfer en Rieux, Sarzeau, etc. C'est le *T. officinale* Var. *arenarium* décrit par Legall, p. 329.

T. palustre Dec. Bor. n° 1429; *T. officinale* Var. Leg. p. 329; Ll. p. 267. Prés humides, bords des eaux. AC.

Crepis L.

A. — Aigrettes du centre pédicellées. (*Barkhausia* Mœnch.)

C. fœtida L. Bor. n° 1430; Ll. p. 271; *Barkhausia fœt.* Leg. p. 335. Lieux incultes, Champs pierreux, dunes. AR. — Lorient, Auray, Quibéron.

C. taraxacifolia Thuil. Bor. n° 1431; Ll. p. 271; *Barkh. tarax.* Leg. p. 335. Dunes, prés sablonneux de la région maritime. R. — Quibéron, Groix, Belle-île, Houat, Hœdic.

C. setosa Hall. Bor. n° 1432; Ll. p. 272; *Barkh. set.* Leg. p. 346. Champs où elle se montre çà et là et paraît peu constante. RR. — Groix, Ploërmel; Vannes, à Kérisac, en 1864.

C. Suffreniana Stend. Bor. n° 1433; Ll. p. 272; *Barkh. Suffr.* Leg. p. 337. Pelouses sablonneuses près de la mer. RR. — Belle-île, Pénestin.

B. — Aigrettes toutes sessiles (*Crepis* Dec.)

C. pinnatifida Wildn. Bor. n° 1434; Arr. Bull. Soc. Polym. 1862. Lieux secs, bords des chemins. CC.

C. virens Dec. Bor. n° 1435; Arr. loc. cit. Prés, murs. CC.

C. agrestis W. Kit. Bor. n° 1436; Arr. loc. cit. Prairies, murs. AC.

Obs. Ces trois plantes sont réunies par MM. Legall et Lloyd sous le type spécifique *Cr. virens*.

C. biennis L. Bor. nº 1439. Prairies. RR. — Keravelo en Arradon, Penboch; plante probablement importée avec des graines de fourrages.

C. bulbosa Tausch. Leg. p. 339; Ll. p. 274. Sables et rochers maritimes humides. RR. — Houat, Hœdic.

Sonchus L.

S. oleraceus L. Bor. nº 1444; Leg. p. 330; Ll. p. 270. Lieux cultivés. CC.

S. asper Vill. Bor. nº 1446; Leg. p. 330; Ll. p. 270. Lieux cultivés, décombres. C.

S. arvensis L. Bor. nº 1447; Leg. p. 330; Ll. p. 270. Champs argileux. AC. — Séné, Sarzeau, etc.

S. maritimus L. Bor. nº 1449; Leg. p. 331; Ll. p. 270. Marécages maritimes, pied des rochers humides au bord de la mer. R. — Arradon, Séné, Sarzeau, Quibéron, Hœdic.

Hieracium Tourn.

H. dumosum Jord. Bor. nº 1454; Arr. Bull. Soc. Polym. 1863. Bois et friches. AC. — Vannes, Arradon, forêt de Camors.

H. obliquum Jord. Bor. nº 1455. Talus couverts, bord inculte des champs. AC. — Plœren, etc.

H. fruticetorum Jord. Bor. nº 1457. Bois. PC. — Vannes, taillis de la Chênaie, etc.

Obs. Ces trois espèces appartiennent au type du *Boreale* Fries, *Sabaudum* Smith Leg. p. 342; Ll. p. 276.

H. umbelliforme Jord. Bor. nº 1471; Arr. loc. cit. Bois, haies des prés. AC. — Saint-Avé, bois de Gournais en Monterblanc.

H. umbellatum L. Bor. nº 1473; Leg. p. 342; Ll. p. 276. Bois, landes. CC.

H. reconditum Jord. Bord. nº 1520; Arr. loc. cit. Bois. R. — Forêt de Quénécan en Sainte-Brigitte, taillis de la montagne Noire au nord-ouest de Gourin.

Obs. Cette espèce appartient au groupe de l'*H. sylvaticum* des auteurs; Ll. p. 276.

H. auricula L. Bor. nº 1597 ; Leg. p. 340; Ll. p. 275. Prés, talus, pelouses. PC. — Molac, Rochefort, Malansac. Cette plante, indiquée par Legall comme commune, n'a été rencontrée jusqu'ici qu'au sud-est du département; elle est inconnue dans tout l'ouest et le nord.

H. Pilosella L. Bor. nº 1599 ; Leg. p. 340; Ll. p. 275. Pelouses, talus. CC.

Obs. La flore de Legall mentionne encore l'*H. collinum*. Cette plante, qui est l'*H. pratense* Tausch, n'était que naturalisée dans le jardin du collége de Vannes, où j'ai pu la cueillir en 1856, mais d'où elle a disparu depuis.

Fam. 44. — LOBÉLIACÉES.

Lobelia L.

L. urens L. Bor. nº 1606; Leg. p. 344; Ll. p. 279. Bords des champs, landes. C.

Fam. 45. — CAMPANULACÉES.

Jasione L.

J. montana L. Bor. nº 1607; Leg. p. 345; Ll. p. 279. Talus, lieux sablonneux. CC.

Var. *maritima* Leg. et Ll. loc. cit. Dunes. AC.

Phyteuma L.

P. spicatum L. Bor. nº 1610; Leg. p. 346; Ll. p. 279. Bord des bois, prés couverts. AR. — Surzur, Lanvaux, Molac, Pont-Kallek, Camors, Josselin.

Obs. La variété à fleur bleue n'a pas été rencontrée dans le département.

Wahlenbergia Schrad.

W. hederacea Reich. Bor. nº 1615; Leg. p. 348; Ll. p. 283. Pelouses humides, lieux tourbeux, bords des ruisseaux. C.

Campanula L.

C. Trachelium L. Bor. nº 1619; Leg. p. 348; Ll. p. 282. Bois, buissons. PC. — Forêt de Brambien.

C. Rapunculus L. Bor. nº 1622; Leg. p. 349; Ll. p. 281. Bois, haies. C.

Specularia Heist.

S. hybrida Al. Dec. Bor. nº 1629; Leg. p. 347; Ll. p. 280. Moissons sablonneuses de la région maritime. PC. — Séné, Quibéron, Erdeven, Houat, Hœdic, etc.

FAM. 46. — VACCINIÉES.

Vaccinium L.

V. Myrtillus L. Bor. nº 1630; Leg. p. 350; Ll. p. 284. Bois; commun dans les bois de l'intérieur du département; bois de Gournais, près Vannes.

FAM. 47. — ÉRICACÉES.

Calluna Salisb.

C. vulgaris Sal. Bor. nº 1636; Leg. p. 354; Ll. p. 286. Bois, landes. CC.

Erica L.

E. cinerea L. Bor. nº 1637; Leg. p. 351; Ll. p. 285. Landes, bois. CC.

E. Tetralix L. Bor. nº 1638; Leg. p. 351; Ll. p. 284. Landes humides. C.

E. ciliaris L. Bor. nº 1639; Leg. p. 352; Ll. p. 285. Bois, landes. CC.

E. vagans L. Bor. nº 1640; Leg. p. 352; Ll. p. 285. Landes sablonneuses. R. — Belle-île, Groix, Riantec.

E. scoparia L. Bor. nº 1641; Leg. p. 353 et 831; Ll. p. 286. Landes, bois. RR. — Arzal.

Fam. 48. — MONOTROPÉES.

Hypopitys Dill.

H. multiflora Scop. Bor. n° 1648; Leg. p. 355; *Monotropa* Hyp. Ll. p. 287. Bois, au pied des arbres. R. — Auray, Lorient, Ploërmel, Napoléonville, Beauregard en Saint-Avé, Molac.

Sous-classe III. — COROLLIFLORES.

Fam. 49. — LENTIBULARIÉES.

Utricularia L.

U. vulgaris L. Bor. n° 1650; Leg. p. 454; Ll. p. 364. Eaux tranquilles, fossés. AC.

U. minor L. Bor. n° 1654; Leg. p. 456; Ll. p. 366. Landes marécageuses. R. — Auray, Ploërmel, environs de Vannes, Saint-Dolay, Théhillac.

Pinguicula L.

P. Lusitanica L. Bor. n° 1657; Leg. p. 455; Ll. p. 364. Landes humides, lieux tourbeux. AC.

Fam. 50. — PRIMULACÉES.

Hottonia L.

H. palustris L. Bor. n° 1658; Leg. p. 457; Ll. p. 370. Fossés, marais. PC. — Surzur, La Roche-Bernard, Vannes, étang du Pargo.

Primula L.

P. officinalis Jacq. Bor. n° 1659; Leg. p. 461; Ll. p. 368. Prés, bord des haies. RR. — Saint-Jean-la-Poterie, Pluneret, Keravelo en Arradon, Penhoët en Grand-Champ.

Obs. C'est par inadvertance sans doute que Legall indique cette plante comme très commune chez nous. Elle est très répandue dans l'Ille-et-Vilaine et pourra peut-être se trouver dans les cantons limitrophes; mais jusqu'ici elle n'a été trouvée avec certitude que dans les localités indiquées ci-dessus et encore a-t-elle été probablement importée dans les trois dernières où elle ne croît que dans des prairies de récente création.

P. grandiflora Lam. Bor. n° 1661; Leg. p. 458; *P. acaulis* Ll. p. 369. Bord des bois, talus des prés. C.

Var. à fleur rose. R. Salarun en Theix.

Glaux L.

G. maritima L. Bor. n° 1668; Leg. p. 466; Ll. p. 371. Sables maritimes humides. C.

Lysimachia L.

L. vulgaris L. Bor. n° 1669; Leg. p. 462; Ll. p. 366. Bords des eaux. C.

L. nummularia L. Bor. n° 1670; Leg. p. 462; Ll. p. 366. Lieux couverts, talus humides. R. — Carentoir, etc.

L. nemorum L. Bor. n° 1671; Leg. p. 462; Ll. p. 367. Bois humides. PC. — Hennebont, Lanvaux, Elven, Faouët, Monterblanc.

Asterolinum Link.

A. Linum-stellatum Link. Bor. n° 1672; *Lysim. Lin. st.* Leg. p. 463; Ll. p. 367. Sables maritimes. R. — Quibéron, Gâvre, Houat, Hœdic, Belle-île.

Anagallis L.

A. arvensis L. Bor. n° 1673; Leg. p. 464; Ll. p. 367. Lieux cultivés, bords des chemins, dunes. Fleurs rouges, plus rarement roses.

A. cœrulea Schreb. Bor. n° 1674. Champs pierreux. R. — Vannes, Gâvre, Napoléonville.

A. tenella L. Bor. n° 1675; Leg. p. 464; Ll. p. 367. Marécages, prés tourbeux. C.

Centunculus L.

C. minimus L. Bor. n° 1676; Leg. p. 465; Ll. p. 368. Pelouses, lieux inondés l'hiver. PC. — Vannes, Séné, Saint-Perreux, Ploërmel, Auray, Lorient, Quibéron.

Samolus L.

S. Valerandi L. Bor. n° 1677: Leg. p. 466; Ll. p. 371. Lieux humides, bord des ruisseaux et des sources. — C. dans la région maritime; R. à l'intérieur.

Fam. 51. — ILICINÉES.

Ilex L.

I. Aquifolium L. Bor. n° 1678; Leg. p. 356; Ll. p. 288. Haies, buissons. C.

Fam. 52. — OLÉACÉES.

Fraxinus L.

F. excelsior L. Bor. n° 1679; Leg. p. 358; Ll. p. 288. Bois, haies. C.

Ligustrum L.

L. vulgare L. Bor. n° 1684; Leg. p. 357; Ll. p. 289. Haies, bois. AC.

Fam 53. — APOCYNÉES.

Vinca L.

V. minor L. Bor. n° 1686; Leg. p. 360; Ll. p. 291. Haies, bois, lieux couverts. AC.

Obs. Le *V. major*, qui se voit quelquefois dans le voisinage des habitations, ne paraît pas spontané.

Fam. 54. — ASCLÉPIADÉES.

Vincetoxicum Mœnch.

V. officinale Mœnch. Bor. n° 1688; *Cynanchum vinc.* Leg. p. 360; Ll. p. 290. Lieux pierreux et sablonneux du littoral. PC. — Sarzeau, Quibéron, Belle-île, Billiers, etc.

Fam. 55. — GENTIANÉES.

Erithræa Rich.

E. Centaurium Pers. Bor. n° 1691; Leg. p. 364; Ll. p. 295. Buissons, pâturages humides. C.

E. pulchella Fries. Bor. n° 1692; Leg. p. 365; Ll. p. 295. Pelouses sablonneuses, dunes. AC.

E. maritima Pers. Bor. n° 1693; Leg. p. 365; Ll. p. 297. Landes et pelouses de la région maritime. R. — Sarzeau, Plouharnel, Gâvre, Groix, Belle-île.

Cicendia Griseb.

C. pusilla Griseb. Bor. n° 1694; Ll. p. 297; *Exacum pusill.* Leg. p. 366. Landes marécageuses, lieux mouillés l'hiver. AC.

Microcala Link.

M. filiformis Link. Bor. n° 1695; *Exacum filif.* Leg. p. 366 ; *Cicendia filif.* Ll. p. 297. Bord des étangs, landes humides. C.

Chlora L.

C. perfoliata L. Bor. n° 1696; Leg. p. 363; Ll. p. 292. Coteaux sablonneux. RR. — Groix, Belle-île.

Gentiana L.

G. Pneumonanthe L. Bor. n° 1700; Leg. p. 363; Ll. p. 293. Bois et landes humides. C.

Menyanthes L.

M. trifoliata L. Bor. n° 1706; Leg. p. 362; Ll. p. 292. Marais, bords des eaux. AC.

Limnanthemum Gmel.

L. nymphoides Link. Bor. n° 1707; Ll. p. 292; *Villarsia nymph.* Leg. p. 362. Étangs, rivières. PC. — Ploërmel, rivière au Duc; Coëtsurho en Arzal; rivière d'Oust du Roc-Saint-André à son embouchure.

FAM. 56. — CONVOLVULACÉES.

Convolvulus L.

C. sepium L. Bor. n° 1709; Leg. p. 368; Ll. p. 298. Haies et buissons des lieux frais. C. — Je l'ai vu avec des fleurs roses sur les bords du ruisseau de Saint-Avé.

C. Soldanella L. Bor. nº 1770; Leg. p. 367; Ll. p. 298. Sables maritimes. AC.

C. arvensis L. Bor. nº 1711; Leg. p. 368; Ll. p. 298. Champs, jardins et lieux incultes. CC.

Cuscuta L.

C. minor Dec. Bor. nº 1715; Leg. p. 369; Ll. p. 300. Landes. C. — Parasite, principalement sur l'ajonc, les bruyères, etc.

C. trifolii Babingt. Bor. nº 1716; Ll. p. 300. Prairies artificielles. RR. — J'ai observé en 1865 cette plante sur les talus du chemin de fer à Vannes. Elle était parasite sur la luzerne avec les graines de laquelle elle a été probablement importée. Elle se distingue, même de loin, de la *C. minor* par la couleur jaune de ses filaments.

C. Epilinum Weihe. Bor. nº 1717; Leg. p. 832; Ll. p. 300. Parasite sur le lin cultivé. RR. — Coëtsurho en Arzal; Vannes, à Kerquer, en 1856 et 1857.

FAM. 57. — BORRAGINÉES.

Heliotropium L.

H. europæum L. Bor. nº 1719; Leg. p. 371; Ll. p. 302. Champs sablonneux de la région maritime. AC.

Echium L.

E. vulgare L. Bor. nº 1720; Leg. p. 371; Ll. p. 302. Bords des chemins, lieux stériles, vieux murs. C.

Borrago L.

B. officinalis L. Bor. nº 1722; Leg. p. 377; Ll. p. 307. Lieux cultivés, jardins. C.

Symphytum L.

S. officinale L. Bor. nº 1723; Leg. p. 374; Ll. p. 305. Bord des eaux, prés humides. C.

Caryolopha Fisch.

C. sempervirens Fisch. Bor. nº 1725; *Anchusa semperv.* Leg. p. 375; Ll. p. 307. Haies fraîches, lieux couverts. AR. — Vannes, Arradon, Monterblanc, Grand-Champ, Languidic, Ploërmel.

Lycopsis L.

L. arvensis L. Bor. n° 1727; Leg. p. 375. Ll. p. 307. Dunes, champs sablonneux, bords des chemins dans la région maritime. AC.

Lithospermum L.

L. arvense L. Bor. n° 1728; Leg. p. 372; Ll. p. 304. Moissons de la région maritime. AC.

L. officinale L. Bor. n° 1730; Leg. p. 373; Ll. p. 303. Lieux incultes. R. — Houat, Hœdic, Quibéron, Erdeven, Guidel.

Pulmonaria L.

P. longifolia Bast. Bor. n° 1735; Arr. Bull. Soc. polym. 1862, p. 95; *P. angustifolia* Leg. p. 374; Ll. p. 305. Coteaux boisés, lieux ombragés du littoral. R. — Vannes, à la Chênaie; Surzur, Étel; Belle-île, aux Grands-Sables.

Myosotis L.

M. palustris Wither. Bor. n° 1738; Leg. p. 378; Ll. p. 307. Marais, bords des eaux. C.

M. repens Don. Bor. n° 1739; Ll. p. 308. Lieux tourbeux. AC. — Saint-Avé, vallée de Saint-Nolf, etc.

M. strigulosa Reich. Bor. n° 1740; *M. palustris* Var. *strigul.* Leg. p. 378. Prés humides. C.

M. lingulata Lehm. Bor. n° 1742; *M. cæspitosa* Leg. p. 378; Ll. p. 308. Fossés, marais. AC.

M. intermedia Link. Bor. n° 1746; Leg. p. 379; Ll. p. 309. Lieux cultivés, talus, bois. AC.

M. hispida Schlecht. Bor. n° 1747; Leg. p. 379; Ll. p. 309. Murs, talus. CC.

M. versicolor Pers. Bor. n° 1748; Leg. p. 380; Ll. p. 309. Champs sablonneux, talus. C.

M. dubia Arr. *species nova.* Cette plante, voisine du *M. versicolor,* en paraît bien distincte par ses fleurs blanches d'abord, puis bleues, mais jamais jaunes, par le tube de la corolle ne dépassant pas le calice et son style beaucoup plus court, par ses pédicelles fructifères étalés, un peu plus courts que le calice, celui-ci campanulé, fermé après la floraison. Dans les lieux fertiles, la plante est bien rameuse et atteint 2 à 3 décimètres. Prairies, bords des champs. AC. — Vannes, Josselin au bord du canal, et probablement ailleurs.

Cynoglossum L.

C. officinale L. Bor. n° 1734; Leg. p. 381; Ll. p. 310. Lieux incultes de la région maritime. AC.

Omphalodes Tourn.

O. littoralis Lehm. Bor. n° 1738; Leg. p. 381; Ll. p. 311. Sables maritimes. R. — Houat, Hœdic, Belle-île, Quibéron.

Fam. 58. — SOLANÉES.

Lycium L.

L. vulgare Dun. Bor. n° 1759; *L. barbarum* Leg. p. 382. Subspontané dans les haies près des habitations. R. — Vannes, Quibéron.

Solanum L.

S. nigrum L. Bor. n° 1762; Leg. p. 383; Ll. p. 311. Lieux cultivés, décombres, pied des murs. C.

S. miniatum Bernh. Bor. n° 1767; *S. nigrum* Var. *miniatum* Leg. p. 381; Ll. p. 311. Lieux sablonneux, décombres. — R. (Legall. loc. cit.)

Obs. Legall indique encore (loc. cit.) quelques-unes des variétés qui sont décrites comme espèces distinctes par M. Boreau; mais ces plantes exigent des recherches et des études nouvelles. Ainsi il donne à sa variété *ochroleucum* une tige presque lisse, tandis que le *S. ochroleucum* de Bastard décrit par M. Boreau a les rameaux tuberculeux, parsemés de poils rudes.

S. Dulcamara L. Bor. n° 1769; Leg. p. 383; Ll. p. 312. Haies et buissons frais, bords des eaux. C.

Atropa L.

A. Belladona L. Bor. nº 1772; Leg. p. 385; Ll. p. 312. Plante naturalisée, qui ne se rencontre que dans le voisinage des habitations et les cours des anciens châteaux. R. — Vannes, Beauregard en Saint-Avé, Le Plessis près d'Auray, Guidel, Rieux.

Datura L.

D. Stramonium L. Bor. nº 1773; Leg. p. 386; Ll. p. 313. Dunes, lieux incultes et champs sablonneux de la région maritime. AC.

Hyoscyamus L.

H. niger L. Bor. nº 1776; Leg. p. 385; Ll. p. 313. Lieux incultes, décombres. AC. surtout dans la région maritime.

Fam. 59. — VERBASCÉES.

Verbascum L.

V. Thapsus L. Bor. nº 1777; Leg. p. 387; *V. Schraderi* Ll. p. 313. Lieux pierreux, bords des chemins. AC.

V. Thapsiforme Schrad. Bor. nº 1779; Leg. p. 388; Ll. p. 314. Lieux pierreux ou sablonneux. AC.

V. floccosum Waldst. Bor. nº 1794; Ll. p. 314; *V. pulverulentum* Leg. p. 389. Lieux incultes, bords des chemins. C.

V. nigrum L. Bor. nº 1797; Leg. p. 390; Ll. p. 315. Terrains un peu frais, bords des chemins. AC.

V. Blattaria L. Bor. nº 1799; Leg. p. 390; Ll. p. 315. Lieux incultes, talus, bords des chemins. AC.

V. virgatum With. Bor. nº 1802, Leg. p. 391, Ll. p. 316. Talus, bord des champs, dans la région maritime. AC.

Fam. 60. — SCROPHULARIACÉES.

Linaria Tourn.

L. Cymbalaria Mill. Bor. nº 1803; Leg. p. 835; Ll. p. 319. Vieux murs humides. RR. — Vannes, Auray.

L. spuria Mill. Bor. nº 1804; Leg. p. 413; Ll. p. 320. Champs sablonneux de la région maritime. R. — Quibéron, Gâvre, Larmor en Plœmeur, Groix, Belle-île.

L. commutata Bernh. Ll. p. 320; *L. radicans* Leg. p. 412. Dunes et coteaux maritimes. RR. — Belle-île.

L. Elatine Mill. Bor. nº 1805; Leg. p. 411; Ll. p. 320. Lieux cultivés. CC.

L. Pelisseriana Dec. Bor. nº 1808; Leg. p. 414; Ll. p. 322. Coteaux et champs pierreux de la région maritime. AR. — Séné, Sarzeau, Ile-aux-Moines, Quibéron, Lorient, Port-Louis, Belle-ile.

L. maritima Dec. Bor. nº 1813; *L. supina* Leg. p. 416; Ll. p. 323. Sables maritimes. RR. — Belle-île.

L. arenaria Dec. Bor. nº 1814; Leg. p. 414; Ll. p. 323. Sables maritimes. C.

L. striata Dec. Bor. nº 1815; Leg. p. 415; Ll. p. 322. Lieux pierreux, haies, talus. C.

L. vulgaris Mill. Bor. nº 1816; Leg. p. 416; Ll. p. 323. Lieux incultes, bord des champs. AC.

Antirrhinum L.

A. Orontium L. Bor. nº 1818; Leg. p. 410; Ll. p. 319. Lieux cultivés. C.

A. majus L. Bor. nº 1819; Leg. p. 410; Ll. p. 319. Plante naturalisée sur les vieux murs. AR. — Vannes, etc.

Scrophularia L.

S. nodosa L. Bor. nº 1821; Leg. p. 401; Ll. p. 317. Lieux frais, bois, fossés. C.

S. Balbisii Horn. Bor. nº 1822; *S. aquatica* Leg. p. 401; Ll. p. 317. Lieux humides, bord des eaux. C.

S. Scorodonia L. Bor. nº 1827; Leg. p. 401; Ll. p. 317. Haies, bords des chemins dans la région maritime. C.

Obs. La *S. peregrina* a été trouvée par M. Taslé à Trussac près Vannes; c'était probablement une plante accidentellement propagée.

Gratiola L.

G. officinalis L. Bor. nº 1828; Leg. p. 400; Ll. p. 318. Lieux marécageux, bord des étangs, à l'intérieur. R.

Limosella L.

L. aquatica L. Bor. nº 1830; Leg. p. 398; Ll. p. 329. Bord des mares et des étangs. RR. — Presqu'île de Quibéron, près de Saint-Pierre; Lorient, à l'étang de Gaillec (Legall, flore). Il n'est pas à ma connaissance que cette plante ait été retrouvée depuis.

Sibthorpia L.

S. europæa L. Bor. nº 1831; Leg. p. 398; Ll. p. 385. Talus frais, bords des ruisseaux et des sources. AC.

Digitalis L.

D. purpurea L. Bor. nº 1832; Leg. p. 399; Ll. p. 318. Haies, talus, champs en friche. CC.

Veronica L.

V. hederæfolia L. Bor. nº 1836; Leg. p. 392; Ll. p. 329. Lieux cultivés. CC.

V. agrestis L. Bor. nº 1837; Leg. p. 392 *ex part.* Ll. p. 328. Lieux cultivés. AC.

V. polita Fries. Bor. nº 1838; Ll. p. 328; *V. agrestis* Var. *didyma* Leg. p. 393. Lieux cultivés. C.

V. Buxbaumii Tenor. Bor. nº 1839; Ll. p. 328. Lieux cultivés. RR. — Vannes, au Pargo. Plante introduite qui tend à se naturaliser.

V. arvensis L. Bor. nº 1840; Leg. p. 394; Ll. p. 327. Champs, prairies. C.

V. acinifolia L. Bor. nº 1844; Leg. p. 393; Ll. p. 327. Dunes. RR. — Gâvre, Quibéron, Vannes.

V. serpyllifolia L. Bor. nº 1845; Leg. p. 394; Ll. p. 327. Pelouses, bords des chemins, champs en friche. CC.

V. officinalis L. Bor. n° 1852; Leg. p. 395; Ll. p. 326. Landes, pelouses, bord des bois. C.

V. Chamœdrys L. Bor. n° 1853; Leg. p. 395; Ll. p. 325. Prés, haies, talus. CC.

V. montana L. Bor. n° 1854; Leg. p. 396; Ll. p. 325. Bois frais. R. — Auray, Lanvaux, Pont-Kallech, Tréhorenteuc.

V. scutellata L. Bor. n° 1855; Leg. p. 396; Ll. p. 324. Bord des étangs, fossés, mares dans les landes. AC.— La variété pubescente *V. parmularia* P. me semble plus commune que la forme glabre.

V. Anagallis L. Bor. n° 1856; Leg. p. 397; Ll. p. 325. Marécages, bord des eaux, surtout dans la région maritime. AC.

V. Beccabunga L. Bor. n° 1858; Leg. p. 397; Ll. p. 325. Fossés, ruisseaux. C.

Eufragia Griseb.

E. viscosa Benth. Bor. n° 1859; Ll. p. 332; *Bartsia visc.* Leg. p. 404. Prés humides. AC. Vannes, etc.

E. latifolia Benth. Ll. p. 332; *Barts. latif.* Leg. p. 404. Dunes. RR. — Extrémité de la presqu'île de Quibéron.

Trixago Stev.

T. apula Stev. Ll. p. 332; *Bartsia Trixago* Leg. p. 405. Pelouses des bords de la mer. RR. — Groix, Kerpape en Plœmeur.

T. bicolor Stev. Bor. n° 1860, note; *Bartsia bicolor* Leg. p. 406. Pelouses sablonneuses des bords de la mer. RR. — Belle-île, Donnan et les Grands-Sables.

Odontites Hall.

O. verna Reich. Bor. n° 1862; Ll. p. 333; *E. odontites* Leg. p. 403 *ex part.* Champs. AC.

O. serotina Reich. Bor. n° 1863; Ll. p. 333; *E. odont.* Leg. loc. cit. Champs, pâturages. C.

Euphrasia L.

E. officinalis L. Bor. nº 1868; Leg. p. 402; Ll. p. 335. Pelouses, prairies. C.

E. campestris Jord. Bor. nº 1869. Landes, pâtures. R. — Pluherlin, à Coët-Daly.

E. agrestis Arrond. Bull. Soc. polym. 1863. Plante glanduleuse au sommet, voisine de l'*E. officinalis* dont elle se distingue par sa taille moindre, les entre-nœuds supérieurs bien plus courts, les feuilles du sommet à dents moins profondes et moins aiguës, enfin par sa capsule arrondie et non tronquée ni échancrée au sommet. Landes, lieux incultes. R. — Faouët, lande au bord de l'Ellé.

Obs. Cette plante se retrouvera probablement ailleurs; elle est indiquée dans les Côtes-du-Nord par M. Mabille. (Catal. des plantes de Dinan et Saint-Malo, Act. Soc. linn. de Bordeaux, 1866.)

E. gracilis Fries. Arrond. Bull. Soc. polym. 1862, p. 95; *E. officinalis* Var. *nemorosa* Leg. p. 103. Plante non glanduleuse, très grêle, à tige droite, simple ou munie de quelques rameaux dressés, effilés; feuilles petites, oblongues; capsule linéaire, tronquée au sommet; corolle petite, à long tube, à lèvre supérieure bleue. Landes granitiques. AC. — Vannes; forêt de Conveau près Gourin, etc.

E. rigidula Jord. Bor. nº 1871; Arr. Bull. Soc. polym. 1863. Pâturages. R. — Prairies de Tohannic, près Vannes.

E. tetraquetra Arr. Bull. Soc. polym. 1862, p. 96. Petite plante, de 5 à 10 centimètres, rameuse dès la base, à rameaux ascendants, dressés, raides; feuilles florales plus larges que longues, glabres, épaisses, à bords un peu repliés en dessous; fleurs en épi serré, quadrangulaire, calice peu velu, à lobes lancéolés aigus, brièvement glanduleux sur les bords; capsule luisante, tronquée au sommet et à peine mucronulée; fleur petite, d'un blanc rosé, tachée de jaune à la gorge. Dunes. R. — Falaise de Quibéron où elle est assez abondante.

Rhinanthus L.

R. major. Ehrh. Bor. n° 1878; Ll. p. 531; *R. glaber* Leg. p. 406. Prés. C.

Pedicularis L.

P. sylvatica L. Bor. n° 1880; Leg. p. 408; Ll. p. 331. Bois, landes. CC.

P. palustris L. Bor. n° 1881; Leg. p. 408; Ll. p. 331. Marais et prés tourbeux. AC.

Melampyrum L.

M. pratense L. Bor. n° 1887; Leg. p. 409; Ll. p. 330. Bois. C.

Fam. 61. — OROBANCHÉES.

Orobanche L.

O. Rapum Thuil. Bor. n° 1890; Leg. p. 418; Ll. p. 337. Bord des champs et des bois; parasite sur les racines du genêt à balais. AC.

O. Galii Duby. Bor. n° 1895; Leg. p. 419; Ll. p. 338. Dunes et coteaux maritimes, sur les racines des *G. verum* et *arenarium*. AC.

O. minor Sutt. Bor. n° 1899; Leg. p. 420; Ll. p. 339. Sables et coteaux maritimes; parasite sur les racines de plusieurs espèces. AC.

O. amethystea Thuill. Bor. n° 1900; Leg. p. 420; Ll. p. 340. Sables et coteaux maritimes, sur les racines des *Eryngium*. R. — Houat, Belle-île, Quibéron.

O. ramosa L. Bor. n° 1904; Leg. p. 421; Ll. p. 341. Champs sablonneux, sur les racines du chanvre. R. — Port-Louis, Plœmeur, Vannes, Ploërmel.

Clandestina Tourn.

C. rectiflora Lam. Bor. n° 1995; *Lathræa clandestina* Leg. p. 425; Ll. p. 342. Lieux humides, au pied des arbres. R. — Napoléonville, Ploërmel, Saint-Congard, Néant, Rieux.

Fam. 62. — VERBÉNACÉES.

Verbena L.

V. officinalis L. Bor. nº 1907; Leg. p. 452; Ll. p. 363. Bords des chemins, lieux incultes. C.

Fam. 63. — LABIÉES.

Mentha L.

M. rotundifolia L. Bor. nº 1910; Leg. p. 424; L. p. 343. Fossés, lieux humides. AC.

M. subspicata Weihe. Bor. nº 1926. Bord des eaux. R. — Bords de l'Èvel, à Kerdrehel près Baud.

M. aquatica L. Bor. nº 1929; Leg. p. 425; Ll. p. 344. Fossés. bord des eaux. C.

Var. *hirsuta*. *M. hirsuta* L. Lieux humides du littoral. R. — Presqu'île de Quibéron, Plouharnel.

M. affinis Bor. fl. cent. nº 1930. Lieux humides. R. — Aucfer en Rieux.

M. Lloydii Bor. fl. cent. nº 1924; *M. pyramidalis* Leg. p. 425; Ll. p. 344. Marécages. RR. — Belle-île.

M. sativa L. Bor. nº 1947; Leg. p. 426; Ll. p. 345. Marais, bord des eaux. PC. — La Roche-Bernard, Muzillac, Ploërmel, Napoléonville.

M. Pulegium L. Bor. nº 1964; Leg. p. 427; Ll. p. 345. Fossés, lieux mouillés l'hiver. C.

Lycopus L.

L. europæus L. Bor. nº 1965; Leg. p. 427; Ll. p. 345. Bord des eaux. C.

Origanum L.

O. vulgare L. Bor. nº 1966; Leg. p. 430; Ll. p. 347. Lieux secs, bord des haies. AC. dans la région maritime; à l'intérieur R. — Rochefort, Napoléonville.

Thymus L.

T. Serpyllum L. Bor. n° 1968; Leg. p. 431; Ll. p. 348. Pelouses sèches, landes, dunes. AC.

Calamintha Mœnch.

C. ascendens Jord. Bor. n° 1978; *C. officinalis* Leg. p. 432; Ll. p. 348. Bords des chemins, pied des murs. AC. seulement dans la région maritime.

Clinopodium L.

C. vulgare L. Bor. n° 1981; Leg. p. 433; Ll. p. 350. Haies, buissons. C.

Melissa L.

M. officinalis L. Bor. n° 1982; Leg. p. 433; Ll. p. 350. Bord des haies, pied des murs, dans le voisinage des habitations. R. — Lorient, Hennebont, Le Guéric à l'Ile-aux-Moines, Vannes.

Salvia L.

S. pratensis L. Bor. n° 1988; Leg. p. 436; Ll. p. 346. Prés secs. RR. — Penhoët en Grand-Champ, où elle parait bien naturalisée. C'est du reste une plante étrangère au pays, qui a été importée au lieu indiqué avec des graines de fourrage.

S. verbenaca L. Bor. n° 1990; Leg. p. 435; Ll. p. 346. Prairies de la région maritime. AC.

Nepeta L.

N. cataria L. Bor. n° 1992; Leg. p. 448; Ll. p. 350. Lieux pierreux. RR. — Sarzeau, à la pointe Saint-Jacques; fort Penthièvre.

Glechoma L.

G. hederaceum L. Bor. n° 1993; Leg. p. 447; Ll. p. 351. Haies, talus frais. CC.

Melittis L.

M. melissophyllum L. Bor. n° 1994; Leg. p. 447; Ll. p. 351. Bois, haies ombragées. PC. — Theix, Arradon, vallée de l'Ars, bois de Gournais en Monterblanc, etc.

Lamium L.

L. amplexicaule L. Bor. nº 1996; Leg. p. 437; Ll. p. 331. Lieux cultivés, vieux murs. AC.

L. incisum Willdn. Bor. nº 1997; Leg. p. 438; Ll. p. 332. Champs sablonneux. RR. — Étel, Larmor en Plœmeur, Séné, Sarzeau.

L. purpureum L. Bor. nº 1998; Leg. p. 438; Ll. p. 331. Lieux cultivés, haies, talus. CC.

L. album L. Bor. nº 2000; Leg. p. 439; Ll. p. 332. Haies, pied des murs. RR. — Hennebont, Lorient, Kerango en Plescop.

Galeobdolon Huds.

G. luteum Huds. Bor. nº 2001; Leg. p. 439; Ll. p. 333. Bois, haies, lieux couverts. AC à l'intérieur.— Vallée de l'Arz, etc.

Galeopsis L.

G. Ladanum L. Bor. nº 2002; Leg. p. 441; Ll. p. 333. Champs sablonneux. RR. — Quibéron, Plœmeur (Leg. flore).

G. dubia Leers. Bor. nº 2003; Ll. p. 333; *G. ochroleuca* Leg. p. 441. Champs cultivés. C.

G. Tetrahit L. Bor. nº 2006; Leg. p. 440; Ll. p. 333. Talus ombragés, décombres. AC.

G. bifida Bonn. Bor. nº 2008; Arr. Bull. Soc. polym. 1864, p. 56. Lieux frais, champs humides. — Napoléonville.

G. pubescens Bess. Bor. nº 2009; Arr. loc. cit. Champs humides. — Napoléonville.

Obs. Les deux espèces qui précèdent rentrent dans le *G. tetrahit* décrit par MM. Lloyd et Legall loc. cit. : il est probable que lorsqu'on saura les distinguer, on constatera qu'elles ne sont pas plus rares chez nous que le type.

Stachys L.

S. sylvatica L. Bor. nº 2014; Leg. p. 442; Ll. p. 333. Haies humides, lieux couverts. C.

S. palustris L. Bor. nº 2015; Leg. p. 442; Ll. p. 355. Fossés, marais, champs humides. PC. — Napoléonville, champs au bord du canal, etc.

S. arvensis L. Bor. nº 2017; Leg. p. 442; Ll. p. 355. Lieux cultivés. C.

S. annua L. Bor. nº 2018; Leg. p. 443; Ll. p. 355. Terrains cultivés. RR. — Ile-aux-Moines, Séné, Vannes (M. Taslé).

Betonica L.

B. officinalis L. Bor. nº 2020; Leg. p. 444; Ll. p. 355. Taillis, landes, bord des champs. C.

Marrubium L.

M. vulgare L. Bor. nº 2021; Leg. p. 445; Ll. p. 357. Lieux pierreux, bords des chemins, décombres. AC.

Ballota L.

B. fœtida Lam. Bor. nº 2022; *B. nigra* Leg. p. 445; Ll. p. 358, *non* Linné. Pied des murs, décombres. CC.

Leonurus L.

L. cardiaca L. Bor. nº 2023; Leg. p. 446; Ll. p. 359. Haies, buissons, décombres. R. — Auray, Surzur, Nivillac, Malestroit, Ploërmel, Rieux, Béganne.

Scutellaria L.

S. galericulata L. Bor. nº 2026; Leg. p. 450; Ll. p. 359. Bord des eaux. C.

S. minor L. Bor. nº 2028; Leg. p. 450; Ll. p. 360. Marécages, bord des étangs. AC.

Brunella L.

B. vulgaris L. Bor. nº 2029; Leg. p. 449; Ll. p. 360. Prés, pelouses, bords des chemins. CC.

6

Ajuga L.

A. reptans L. Bor. n° 2032; Leg. p. 428; Ll. p. 361. Prés et bois humides. CC.

Teucrium L.

T. Scorodonia L. Bor. n° 2036; Leg. p. 429; Ll. p. 362. Haies, talus. CC.

T. Scordium L. Bor. n° 2038; Leg. p. 429; Ll. p. 362. Marécages maritimes. RR. — Quibéron, au sud du bourg; Saint-Pierre.

FAM. 64. — PLUMBAGINÉES.

Statice Wildn.

S. Limonium L. Bor. n° 2041; Leg. p. 470; Ll. p. 373. Marécages maritimes, vases salées. C.

S. ovalifolia Poir. Bor. n° 2042; Ll. p. 373; *S. hybrida* Leg. p. 474. Rochers maritimes. RR. — Gâvre, Belle-île

S. lychnidifolia Girard. Bor. n° 2043; Leg. p. 474; Ll. p. 374. Marécages maritimes. RR. Gâvre.

S. Dodartii Gir. Bor. n° 2044; Leg. p. 471; Ll. p. 374. Rochers maritimes, bord des marais salants. AC.

S. occidentalis Lloyd. Bor. n° 2045; Leg. p. 472; Ll. p. 374. Rochers maritimes. AR. — Houat, Belle-île, Gâvre, Quibéron.

S. rariflora Drej. Ll. p. 373; *S. Bahusiensis* Leg. p. 470. Marécages maritimes. RR. — Séné, où M. Taslé me l'a fait cueillir.

Armeria Wildn.

A. maritima Wildn. Bor. n° 2046; *Statice armeria* Leg. p. 468; Ll. p. 372. Pâturages salés, rochers maritimes. C.

A. pubescens Link. Bor. n° 2047; Arr. Bull. Soc. polym. 1863. Pelouses des bords de la mer. RR. — Séné, à l'ouest du bourg (M. Taslé).

FAM. 65. — PLANTAGINÉES.

Plantago L.

P. major L. Bor. n° 2949; Leg. p. 477; Ll. p. 376. Pelouses, bords des chemins. C.

P. intermedia Gilib. Bor. n° 2050. Pelouses fraîches. C.

Obs. Cette espèce est souvent confondue avec la précédente, dont elle se distingue surtout par ses hampes arquées, ascendantes.

P. eriophora Hoff. Bor. n° 2052; *P. lanceolata* Var. *lanuginosa* Leg. p. 478 et Ll. p. 376. Sables maritimes. AC — Quibéron, etc.

P. lanceolata L. Bor. n° 2053; Leg. p. 477; Ll. p. 376. Prairies, pelouses. CC.

P. carinata Schrad. Bor. n° 2055; Ll. p. 377; *P. subulata* Leg. p. 470. Coteaux maritimes. RR. — Groix, Belle-île.

P. maritima L. Bor. n° 2056; Leg. p. 478; Ll. p. 376. Marécages maritimes. C.

P. Coronopus L. Bor. n° 2059; Leg. p. 479; Ll. p. 377. Pelouses, bords des chemins, dunes. C.

Littorella L.

L. lacustris L. Bor. n° 471; Leg. p. 476; Ll. p. 375. Bords sablonneux des étangs. AC.

Sous-Classe IV. — MONOCHLAMYDÉES.

Fam. 66. — AMARANTHACÉES.

Amaranthus L.

A. sylvestris Desf. Bor. n° 2064; Leg. p. 480; Ll. p. 378. Lieux cultivés, décombres. PC. — Belle-île, Rochefort.

A. ascendens Lois. Bor. n° 2065; *A. Blitum* Ll. p. 378; *Albersia Blit.* Leg. p. 481. Pied des murs, décombres. AC.

A. deflexus L. Bor. n° 2066; *A. prostratus* Ll. p. 378. *Albersia prostrata* Leg. p. 481. Lieux incultes, pied des murs. RR. — Hennebont, sur le quai (Legall, flore).

Fam. 67. — SALSOLACÉES.

Beta L.

B. maritima L. Bor. n° 2073; Leg. p. 495; Ll. p. 385. Rochers maritimes, bord des marais salants. C.

Chenopodium L.

C. polyspermum L. Bor. nº 2074; Leg. p. 488; Ll. p. 384. Lieux cultivés, champs humides. C.

C. acutifolium Sm. Bor. nº 2075; *C. polyspermum* Var. *acutifolium* Ll. p. 384. Sables, lieux cultivés. C.

C. Vulvaria L. Bor. nº 2076; Leg. p. 488; Ll. p. 384. Lieux cultivés, décombres. AC.

C. album L. Bor. nº 2078; Leg. p. 487; Ll. p. 383. Lieux cultivés, bord des rivières. C.

C. paganum Reich. Bor. nº 2079. Lieux cultivés, pied des murs. C.

C. viride L. Bor. nº 2080; *C. album* Var. *degener* Leg. p. 487; *C. album* Var. *viride* Ll. p. 383. Lieux cultivés. C.

C. murale L. Bor. nº 2082; Leg. p. 486; Ll. p. 382. Bords des chemins, pied des murs. C.

C. intermedium Mert. Bor. nº 2083; *C. urbicum* Leg. p. 486; Ll. p. 382. Bords des chemins, décombres. RR. — Aucfer en Rieux.

C. hybridum L. Bor. nº 2084; Leg. p. 486; L. p. 382. Lieux cultivés. R. — La Roche-Bernard, Auray, Lorient.

C. glaucum L. Bor. nº 2085; Leg. p. 489; Ll. p. 383. Terrains gras, fumiers. AC.

C. Bonus-Henricus L. Bor. nº 2086; Leg. p. 490; Ll. p. 384. Bords des chemins, voisinage des habitations. RR. — Ploërmel, Saint-Dolay.

Blitum L.

B. rubrum Reich. Bor. nº 2087; *Chenopodium rubrum* Leg. p. 489; Ll. p. 383. Bord des étangs et des rivières. PC. — Sarzeau, Séné, Erdeven, Plœmeur.

Atriplex L.

A. patula L. Bor. nº 2090; *A. angustifolia* Leg. p. 493; Ll. p. 383. Champs, bords des chemins, décombres. C.

A. erecta Huds. Bor. nº 2091. Lieux cultivés. R. — Moissons à Locmariaker (M. Taslé).

A. littoralis L. Bor. nº 2092; Leg. p. 493; Ll. p. 386. Rivages de la mer, bord des marais salants. AC.

A. hastata L. Bor. nº 2093; *A. patula* Leg. p. 492; Ll. p. 386. Champs, fossés. AC.

A. oppositifolia Dec. Bor. nº 2094; *A. patula* Var. *maritima* Leg. p. 492; Var. *salina* Ll. p. 386. Marais salants. AC.

A. crassifolia Mey. Bor. nº 2097; *A. rosea* Leg. p. 491; Ll. p. 387. Sables maritimes. AC.

A. Halimus L. Bor. nº 2098; Leg. p. 491; Ll. p. 385. Haies et talus près de la mer, où il est planté, mais non spontané. R. — Billiers, Pénestin, Séné, Quibéron.

A. portulacoïdes L. Bor. nº 2099; Leg. p. 491; Ll. p. 385. Marais salants, rochers maritimes C.

Salicornia L.

S. herbacea L. Bor. nº 2102; Leg. p. 482; Ll. p. 380. Lieux fangeux du bord de la mer, marais salants. CC.

S. fruticosa L. Bor. nº 2103; Leg. p. 483; Ll. p. 380. Marais salants. AR. — Séné, Auray, Gâvre.

Suæda Forsk.

S. fruticosa Forsk. Bor. nº 2104; Leg. p. 484; Ll. p. 381. Marais salants, rochers maritimes. PC. Vannes, Séné, Quibéron, Plœmeur.

S. maritima Moq. Bor. nº 2105; Leg. p. 485; Ll. p. 381. Bord de la mer, marais salants. C.

Salsola L.

S. Kali L. Bor. nº 2106; Leg. p. 483; Ll. p. 381. Sables maritimes. C.

S. Soda L. Bor. nº 2107; Leg. p. 484; Ll. p. 381. Bord des marais salants. RR. — Sucinio, en Sarzeau.

Fam. 68. — POLYGONÉES.

Rumex L.

R. maritimus L. Bor. nº 2108; Leg. p. 497; Ll. p. 388. — Bord des marais, des rivières. RR. — La Roche-Bernard, Saint-Perreux.

R. palustris Sm. Bor. nº 2109; Leg. p. 498; Ll. p. 387. Marécages. RR. — Gâvre, Sucinio, Rieux.

R. rupestris Legall. Bor. nº 2110; Leg. fl. p. 501; Ll. p. 388. Rochers maritimes. R. — Arradon, Sarzeau, Saint-Gildas, Quiberon, Belle-île.

R. conglomeratus Murr. Bor. nº 2111; Leg. p. 502; Ll. p. 388. Lieux frais, bord des fossés. C.

R. nemorosus Schrad. Bor. nº 2112; Leg. p. 502; Ll. p. 388. Lieux frais, fossés, bord des bois. C.

Obs. On rencontre çà et là dans le voisinage des habitations le *R. sanguineus* L. considéré comme une variété du précédent.

R. pulcher L. Bor. nº 2113; Leg. p. 498; Ll. p. 389. Bords des chemins, pied des murs. C.

R. obtusifolius L. Bor. nº 2114; Leg. p. 499; Ll. p. 389. Bords des chemins, des fossés, lieux incultes près des habitations. C.

R. crispus L. Bor. nº 2116; Leg. p. 499; Ll. p. 389. Prés, champs, bords des chemins. C.

R. Hydrolapathum Huds. Bor. nº 2118; Leg. p. 500; Ll. p. 389. Marais, bord des rivières paisibles. C.

R. Acetosa L. Bor. nº 2122; Leg. p. 503; Ll. p. 390. Prés, champs. C.

R. Acetosella L. Bor. nº 2123; Leg. p. 505; Ll. p. 390. Lieux cultivés, champs sablonneux, pelouses. CC.

Polygonum L.

A. — Fleurs en épis.

P. amphibium L. Bor. n° 2128; Leg. p. 504; Ll. p. 391. Eaux tranquilles, bord des étangs et des rivières. C.

P. lapathifolium L. Bor. n° 2129; Leg. p. 505; Ll. p. 391. Champs humides, bord des rivières. C.

P. nodosum Pers. Bor. n° 2130; *P. lapathifolium* Var. Leg. p. 505; Ll. p. 391. Fossés, bord des eaux. AC.

P. Persicaria L. Bor. n° 2131 ; Leg. p. 505; Ll. p. 391. Bord des eaux, fossés. CC.

P. biforme Wahl. Bor. n° 2134. Lieux humides. R. — Vannes (M. Taslé).

P. minus Huds. Bor. n° 2135; Leg. p. 506; Ll. p. 392. Lieux humides. AC.

P. Hydropiper L. Bor. n° 2138; Leg. p. 506; Ll. p. 392. Fossés, lieux humides. CC.

B. — Fleurs axillaires.

P. maritimum L. Bor. n° 2139; Leg. p. 508; Ll. p. 392. Sables maritimes. AC.

P. aviculare L. Bor. n° 2140; Leg. p. 507; Ll. p. 392. Bords des chemins, champs, jardins. CC.

P. arenastrum L. Bor. fl. cent. n° 2143. Lieux arides, bords des chemins. C.

P. humifusum Jord. Bor. n° 2146. Sables près de la mer. C.

P. microspermum Jord. Bor. n° 2147. Lieux arides, sables près de la mer. C.

P. rurivagum Jord. Bor. n° 2148. Lieux arides, champs sablonneux. R. — Aucfer en Rieux (M. Taslé).

Obs. Les quatre espèces qui précèdent sont des démembrements du *P. aviculare* Leg. et Ll. loc. cit.

C. — Fleurs en grappes axillaires.

P. Convolvulus L. Bor. n° 2150; Leg. p. 508; Ll. p. 393. Haies, lieux cultivés. C.

P. dumetorum L. Bor. n° 2151; Leg. p. 508; Ll. p. 393. Haies, buissons. AC.

Obs. On cnltive abondamment le *P. fagopyrum*, et plus rarement le *Tataricum*.

Fam. 69 — THYMÉLÉES.

Daphne L.

D. Laureola L. Bor. n° 2156; Leg. p. 510; Ll. p. 394. Haies, bois. PC. — Sarzeau, Muzillac, Carentoir et généralement l'Est du département.

Fam. 70. — SANTALACÉES.

Thesium L.

T. humifusum Dec. Bor. n° 2161; Leg. p. 512; Ll. p. 394. Dunes, pelouses sèches de la région maritime. AC. — Quibéron, etc.

Fam. 71. — ARISTOLOCHIÉES.

Aristolochia L.

A. Clematitis L. Bor. n° 2166; Leg. p. 312; Ll. p. 398. Lieux pierreux près de la mer. R. — Hœdic, Plœmeur, côte de Sarzeau.

Fam. 72. — EUPHORBIACÉES.

Buxus L.

B. sempervirens L. Bor. n° 2170; Leg. p. 514; Ll. p. 398. Haies, talus près des habitations; très rarement spontané. — Monteneuf, Réminiac (Leg. fl.)

Euphorbia L.

E. Peplis L. Bor. n° 2171; Leg. p. 515; Ll. p. 398. Sables maritimes. AR. — Quibéron, Gâvre, Plœmeur, Sarzeau.

E. helioscopia L. Bor. n° 2172; Leg. p. 515; Ll. p. 398. Lieux cultivés. CC.

E. dulcis L. Bor. nº 2175; Leg. p. 516; Ll. p. 399. Lieux boisés. RR. — Baud (Leg. fl.)

E. Esula L. Bor. nº 2184; Leg. p. 517; Ll. p. 402. Dunes. RR. — Gâvre; rives de la Vilaine près de son embouchure.

E. Paralias L. Bor. nº 2187; Leg. p. 518; Ll. p. 402. Sables maritimes. AC.

E. Portlandica L. Bor. nº 2188; Leg. p. 518; Ll. p. 403. Dunes, lieux pierreux près de la mer. AC.

E. exigua L. Bor. nº 2190; Leg. p. 519; Ll. p. 404. Lieux cultivés, champs du littoral. AC. — Quibéron, etc.

E. Peplus L. Bor. nº 2192; Leg. p. 519; Ll. p. 403. Lieux cultivés. CC.

E. Lathyris L. Bor. nº 2193; Leg. p. 520; Ll. p. 404. Plante naturalisée dans le voisinage des habitations. AR. — Plœmeur, Auray, Baden, La Trinité-Surzur, etc.

E. amygdaloïdes L. Bor. nº 2194; Leg. p. 520; Ll. p. 404. Haies, bord des bois. C.

Mercurialis L.

M. annua L. Bor. nº 2196; Leg. p. 521; Ll. p. 405. Lieux cultivés. CC.

M. perennis L. Bor. nº 2198; Leg. p. 521; Ll. p. 405. Bois, lieux ombragés. R. — Pontscorff, Baud, Lanvaux, forêt de Brambien.

Fam. 73. — URTICÉES.

Urtica L.

U. urens L. Bor. nº 2199; Leg. p. 522; Ll. p. 406. Décombres, pied des murs. AC.

U. dioïca L. Bor. nº 2200; Leg. p. 522; Ll. p. 406. Lieux incultes, haies, bords des chemins. CC.

Parietaria L.

P. diffusa Koch. Bor. nº 2202; *P. officinalis* Leg. p. 523. Ll. p. 406. Vieux murs, décombres. C.

Humulus L.

H. Lupulus L. Bor. nº 2205; Leg. p. 527; Ll. p. 407. Haies, buissons frais. AC.

Ulmus L.

U. campestris L. Bor. nº 2210; Leg. p. 528; Ll. p. 407. Bois, talus, avenues. C.

U. minor Mill. Bor. nº 2211. Talus, bosquets. AC. — Arcal près Vannes (M. Taslé).

U. effusa Wildn. Bor. nº 2216; Leg. p. 529; Ll. p. 407. Plantations. RR. — Vannes, Lorient.

FAM. 74. — MYRICÉES.

Myrica L.

M. Gale L. Bor. nº 2217; Leg. p. 546; Ll p. 418. Marécages, bois humides, lieux tourbeux. AC. — Vallées de l'Ars et de la Claye; forêts d'Elven, de Lanvaux, de Lanouée, etc.

FAM. 75. — BÉTULINÉES.

Alnus Tourn.

A. glutinosa Gœrtn. Bor. nº 2218; Leg. p. 545; Ll. p. 418. Lieux humides, bord des eaux. AC.

Betula L.

B. alba L. Leg. p. 544; Ll. p. 417; *B. verrucosa* Bor. nº 2219. Bois, bord des landes. C.

B. pubescens Ehrh. Bor. nº 2220; *B. alba* Var. *pubescens* Leg. p. 545; Ll. p. 417. Bois humides, talus. R. — Pluherlin (M. Taslé).

FAM. 76. — SALICINÉES.

Salix L.

S. alba L. Bor. nº 2221; Leg. p. 537; Ll. p. 411. Bord des eaux, talus des prés. AC.

S. amygdalina L. Bor. nº 2226; *S. triandra* Leg. p. 538; Ll. p. 412. Bord des eaux. R. — Hennebont, Saint-Perreux.

S. undulata Ehrh. Bor. nº 2227; Ll. p. 412. Bord des eaux. RR. — Ploërmel.

S. viminalis L. Bor. nº 2231; Leg. p. 539; Ll. p. 414. Marécages, bord des eaux. PC. — Rieux, Saint-Perreux, Ploërmel, Vannes.

S. cinerea L. Bor. nº 2234; Leg. p. 539: Ll. p. 415. Bord des eaux, haies des prés. CC.

S. aurita L. Bor. nº 2235; Leg. p. 540; Ll. p. 415. Bois humides, landes marécageuses. R. — Hennebont, Theix, Elven.

S. Caprœa L. Bor. nº 2236; Leg. p. 540; Ll. p. 415. Lieux humides. R. — Auray, Allaire, Saint-Perreux.

S. repens L. Bor. nº 2238; Leg. p. 540; Ll. p. 416. Landes humides, lieux tourbeux. C.

S. argentea Sm. Bor. nº 2239. Landes humides. RR. — Vallon entre Rochefort et le parc de Bodélio.

Populus L.

P. Tremula L. Bor. nº 2245; Leg. p. 542; Ll. p. 416. Haies, talus, bois humides. AC.

P. nigra L. Bor. nº 2247; Leg. p. 542; Ll. p. 417. Bord des eaux, haies des prés. AC.

Obs. Les *P. alba, fastigiata* et *Virginiana* sont des arbres cultivés, mais non spontanés dans le département.

Fam. 77. — QUERCINÉES.

Fagus L.

F. sylvatica L. Bor. nº 2249; Leg. p. 531; Ll. p. 408. Haies, forêts. C.

Castanea Tourn.

C. vulgaris Lam. Bor. nº 2250; Leg. p. 532; Ll. p. 408. Bois, forêts, talus. CC. — Cultivé et spontané.

Quercus L.

Q. pedunculata Ehrh. Bor. nº 2251 ; Leg. p. 533 ; Ll. p. 409. Haies, talus, forêts. CC.

Q. sessiliflora Sm. Bor. nº 2254 ; Leg. p. 534 ; Ll. p. 409. Forêts, talus. PC.

Q. Toza Bosc. Bor. nº 2255 ; Leg. p. 533 ; Ll. p. 409. Landes, bord des bois. RR. — Elven ; bord de la route entre Theix et La Trinité.

Q. Ilex L. Bor. nº 2257 ; Leg. p. 534 ; Ll. p. 410. Talus, coteaux des bords de la mer. R. — Lorient, Auray, Sarzeau.

Obs. Le *Q. Cerris* a été indiqué aux environs de Vannes et de Lorient où il a été probablement introduit.

Corylus L.

C. Avellana L. Bor. nº 2258 ; Leg. p. 535 ; Ll. p. 411. Haies, bois. C.

Carpinus L.

C. Betulus. L. Bor. nº 2259 ; Leg. p. 536 ; Ll. p. 411. Haies, bois. PC.

Obs. Le *Juglans regia* (noyer), type de la famille des Juglandées, est rarement cultivé dans le département.

FAM. 78. — CONIFÈRES.

Ephedra L.

E. distachya L. Bor. nº 2262 ; Leg. p. 548 ; Ll. p. 416. Sables maritimes. AC. — Dunes de Quibéron, etc.

Taxus L.

T. baccata L. Bor. nº 2263 ; Leg. p. 549. Planté fréquemment dans les cimetières de village et naturalisé dans le voisinage des habitations.

Juniperus L.

J. communis L. Bor. nº 2264 ; Leg. p. 550 ; Ll. p. 419. Landes, bois. R. — Ploërmel, Grand-Champ, forêt de Camors.

Pinus L.

P. maritima Lam. Bor. nº 2267; Leg. p. 552; Ll. p. 419 Obs. Cet arbre, très répandu dans les landes surtout du littoral, peut être considéré comme naturalisé dans le département.

Obs. On plante moins souvent le *P. sylvestris*, ainsi que l'*Abies pectinata* Dec. (sapin, vulgairement *arbre de croix*) et le *Larix europœa*, qui appartiennent également à la famille des Conifères.

Classe deuxième. — MONOCOTYLÉDONES.

Fam. 79. — ALISMACÉES.

Alisma L.

A. Plantago L. Bor. nº 2271; Leg. p. 558; Ll. p. 421. Fossés, marais. CC.

A. lanceolatum Withr. Bor. nº 2272. Bord des ruisseaux. AC. — Pluherlin, Saint-Perreux, Muzillac.

A. natans L. Bor. nº 2274; Leg. p. 558; Ll. p. 421. Mares, fossés. C.

A. ranunculoïdes L. Bor. nº 2275; Leg. p. 559; Ll. p. 421. Marécages, fossés. C.

A. repens Cav. Bor. nº 2276; *A. ranunculoïdes* Var. *repens* Leg. p. 559; Ll. p. 421. Bord des étangs et des mares. AC.

A. Damasionum L. Bor. nº 2277; Ll. p. 421; *Damasonium vulgare* Leg. p. 559. Lieux fangeux, mares sablonneuses. AC.

Sagittaria L.

S. Sagittæfolia L. Bor. nº 2278; Leg. p. 560; Ll. p. 421. Fossés, bord des marais et rivières. AC.

Butomus L.

B. umbellatus L. Bor. nº 2279; Leg. p. 561; Ll. p. 422. Lieux marécageux. RR. — Coëtsurho en Arzal, marais de Roh-Haliguen à Sarzeau.

Triglochin L.

T. palustre L. Bor. n° 2280; Leg. p. 562; Ll. p. 422. Prés marécageux, région maritime. AC.

T. Barrelieri Lois. Leg. p. 562; Ll. p. 422. Marécages maritimes. RR. — Gâvre, Port-Louis.

T. maritimum L. Bor. n° 2281; Leg. p. 562; Ll. p. 422. Marécages maritimes. C.

Fam. 80. — POTAMÉES.

Potamogeton L.

P. natans L. Bor. n° 2283; Leg. p. 564; Ll. p. 423. Eaux tranquilles. CC.

P. polygonifolius Poun. Bor. n° 2285; *P. oblongus* Leg. p. 564; Ll. p. 423. Eaux tranquilles. R. — Auray, Lorient, Ploërmel.

P. lucens L. Bor. n° 2288; Leg. p. 565; Ll. p. 425. Étangs et rivières. R. — Napoléonville, Baud, Saint-Perreux, Carentoir.

P. perfoliatus L. Bor. n° 2289; Leg. p. 566; Ll. p. 425. Étangs et rivières. R. — Ploërmel, Roc-Saint-André.

P. crispus L. Bor. n° 2290; Leg. p. 566; Ll. p. 425. Mares, étangs et rivières. CC.

P. densus L. Bor. n° 2291; Leg. p. 566; Ll. p. 425. Mares, fossés, dans la région maritime. AC.

P. heterophyllus Schreb. Bor. n° 2292; Leg. p. 565; Ll. p. 424. Étangs, rivières. R. — Plouhinec, Ploërmel, Guer.

P. acutifolius Link. Bor. n° 2295; Ll. p. 425; *P. compressus* Leg. p. 567 non L. Étangs, rivières. RR. — Ploërmel, rivière au Duc.

P. obtusifolius Mert. et Koch. Bor. n° 2296; Ll. p. 426; Leg. p. 567 Obs. Étangs, fossés. RR. — Séné (M. Taslé).

P. pusillus L. Bor. n° 2299; Leg. p. 568; Ll. p. 426. Étangs, fossés. PC. — Napoléonville, Lorient, Vannes, Pénestin.

P. tuberculatus Ten. Bor. n° 2300; *P. monogynus* Leg. p. 568; Ll. p. 427. Étangs, fossés. RR. — Pénestin.

P. pectinatus L. Bor. nº 2301 ; Leg. p. 568; Ll. p. 427. Fossés, marais saumâtres. R. — Plouhinec, Larmor en Plœmeur.

Ruppia L.

R. maritima L. Bor. nº 2302; Leg. p. 569; Ll. p. 427. Eaux saumâtres, marais salants. C.

R. rostellata Koch. Bor. nº 2303; Leg. p. 569; Ll. p. 428. Mêmes lieux; plus rare. — Auray, Port-Louis, Séné.

Zannichellia L.

Z. repens Bonn. Bor. nº 2304; *Z. dentata* Leg. p. 570; Ll. p. 428. Mares, fossés du littoral. AR. — Plœmeur, Étel, Auray, Quibéron.

Z. palustris L. Bor. nº 2305; Leg. p. 570; Ll. p. 428. Eaux stagnantes près de la mer. AC.

Zostera L.

Z. marina L. Bor. nº 2309; Leg. p. 572; Ll. p. 429. Vases marines submergées. CC.

Z. nana Roth. Leg. p. 573; Ll. p. 429. Même station, mais moins commune. — Golfe du Morbihan, côte de Sarzeau, etc.

Fam. 81. — JONCÉES.

Juncus L.

J. maritimus Lam. Bor. nº 2310; Leg. p. 623; Ll. p. 466. Sables et marécages maritimes. CC.

J. acutus L. Leg. p. 623; Ll. p. 466. Sables maritimes. R. — Gâvre, Kerpape en Plœmeur, Belle-île, Houat.

J. conglomeratus L. Bor. nº 2311; Leg. p. 621; Ll. p. 467. Fossés, bois humides. C.

J. effusus L. Bor. nº 2312; Leg. p. 622; Ll. p. 467. Fossés, lieux humides. CC.

J. glaucus Ehrh. Bor. nº 2313; Leg. p. 622; Ll. p. 467. Terrains argileux, humides. AC.

J. capitatus Weig. Bor. nº 2316 ; Leg. p. 624; Ll. p. 468. Dunes, landes humides. AC.

J. pygmæus Thuil. Bor. nº 2317; Leg. p. 624; Ll. p. 470. Bord des eaux, mares desséchées. AC.

J. uliginosus Mey. Bor. nº 2318; *J. supinus* Leg. p. 624; Ll. p. 469. Lieux humides ou marécageux. C.

J. bufonius L. Bor. nº 2320; Leg. p. 627; Ll. p. 471. Lieux humides. CC.

J. hybridus Brot. Bor. nº 2321 ; *J. bufonius* Var. *fasciculatus* Leg. p. 628; Ll. p. 471. Lieux sablonneux humides. R. — Béganne (Desmars, Cat. des env. de Redon).

J. Tenageia L. Bor. nº 2322; Leg. p. 627; Ll. p. 471. Lieux mouillés l'hiver, bords des chemins humides. AC.

J. Gerardi Lois. Bor. nº 2324; Leg. p. 625; Ll. p. 470. Lieux marécageux au bord de la mer. AC.

J. acutiflorus Ehrh. Bor. nº 2328; Leg. p. 628; Ll. p. 468. Mares, étangs, prairies humides. CC.

J. lampocarpus Ehrh. Bor. nº 2329; Leg. p. 628; Ll. p. 469. Fossés, marécages, dunes humides. AC.

J. obtusiflorus Ehrh. Bor. nº 2331 ; Leg. p. 629 Obs. ; Ll. p. 469. Fossés, lieux marécageux. RR. — Saint-Pierre-Quibéron.

Luzula Dec.

L. Forsteri Dec. Bor. nº 2332; Leg. p. 630; Ll. p. 471. Bois. AC.

L. pilosa Wildn. Bor. nº 2333; Leg. p. 630; Ll. p. 471. Bois. R. — Forêt de Camors, Pontscorff.

L. maxima Dec. Bor. nº 2334; Leg. p. 630; Ll. p. 472. Bois. AR. — Forêts de Pont-Callek, de Camors, de Quénécan ; Roc-Saint-André, Tréhorenteuc.

L. campestris Dec. Bor. nº 2338; Leg. p. 631 ; Ll. p. 472. Landes, prairies. C.

L. multiflora Lej. Bor. nº 2339; Leg. p. 631 ; Ll. p. 472. Bois, landes, prairies. AC.

Fam. 82. — COLCHICACÉES.

Colchicum L.

C. autumnale L. Bor. nº 2343; Leg. p. 620; Ll. p. 465. Prairies humides. RR. — Vannes, prairies de Tobannic (M. Taslé).

Fam. 83. — ASPARAGÉES.

Asparagus L.

A. officinalis Var. *maritimus* L. Leg. p. 606; Ll. p. 453. Sables maritimes. AC. — Presqu'île de Quibéron, etc.

Polygonatum Tourn.

P. multiflorum All. Bor. nº 2351; Leg. p. 608; *Convallaria multifl.* Ll. p. 453. Bois, lieux frais et couverts. AC.

Convallaria L.

C. maïalis L. Bor. nº 2353; Leg. p. 607; Ll. p. 454. Bois. R. — Forêt de Lanvaux, tour d'Elven, forêt de Lanouée, taillis des bords de l'Ars près de Molac.

Ruscus L.

R. aculeatus L. Bor. nº 2355; Leg. p. 608; Ll. p. 455. Bois, haies, buissons. C.

Fam. 84. — LILIACÉES.

Asphodelus L.

A. sphærocarpus Gren. et Godr. Bor. nº 2361; Arr. Bull. Soc. polym. 1862, p. 97. Pédicelles du fruit courbés, ascendants, deux fois aussi longs que le diamètre de la capsule. Bois, landes. C.

A. albus Wildn. Gren. et Godr. Fl. fr. t. III, p. 224; Arr. loc. cit. Capsule plus grosse, pédicelle droit, égalant seulement le diamètre de la capsule. Landes, surtout du littoral. AC. — Vannes, à la Chênaie, Plouharnel, etc.

Obs. Ces deux espèces sont confondues, dans les flores de MM. Legall et Lloyd, sous le nom d'*A. albus*.

Simethis Kunth.

S. bicolor Kunth. Bor. nº 2364; *Anthericum planifolium* Leg. p. 610; Ll. p. 457. Landes de la région maritime. AC. — Belle-île, Lorient, Berric, Surzur, Pénestin, etc.

Narthecium Mœhring.

N. ossifragum Huds. Bor. nº 2366; Leg. p. 611; Ll. p. 464. Landes marécageuses, lieux tourbeux à l'intérieur. AC. — Mauron, Néant, Saint-Dolay, Bignan, Lanvaux, Questembert, etc. Commun dans la Montagne-Noire, à Gourin, Roudouallec, etc.

Muscari Tournef.

M. comosum Mill. Bor. nº 2371; Leg. p. 615; Ll. p. 464. Moissons des champs sablonneux. RR. — Belle-île.

Endymion Dum.

E. nutans Dum. Bor. nº 2372; Ll. p. 460; *Agraphis nut.* Leg. p. 614. Bois, prairies. CC.

Scilla L.

S. autumnalis L. Bor. nº 2373; Leg. p. 613; Ll. p. 459. Dunes, pelouses du littoral. AC. à l'intérieur R. — Pluherlin.

S. verna Huds. Bor. nº 2375; Leg. p. 613; Ll. p. 459. Coteaux maritimes sablonneux. RR. — Guidel, embouchure de la rivière de Quimperlé.

Ornithogalum L.

O. umbellatum L. Bor. nº 2381; Leg. p. 612; Ll. p. 458. Champs. AR. — Lorient, Quibéron, Vannes, Ploërmel.

O. angustifolium Bor. fl. cent. nº 2382; Arr. Bull. Soc. polym. 1863. Lieux incultes, bord des champs. R. — Vannes, chemin de Séné.

O. divergens Bor. fl. cent. nº 2384; Ll. p. 458. Champs cultivés. AC.

O. sulphureum Rœm. et Sch. Bor. nº 2385; Leg. p. 612; Ll. p. 457. Prés, buissons, vignes. R. — Embouchure de la Vilaine, sur les deux rives, d'Arzal à la mer.

Allium L.

A. sphærocephalum L. Bor. nº 2394; Leg. p. 617; Ll. p. 462. Sables maritimes. AC.

A. vineale L. Bor. nº 2396; Leg. p. 617; Ll. p. 463. Murs, lieux secs, vignes. C.

A. ericetorum Thore. Bor. nº 2400; Leg. p. 616, Obs.; Ll. p. 461. Landes humides. RR. — Férel, Camoël, Pénestin.

A. paniculatum L. Bor. nº 2403; Leg. p. 616; Ll. p. 462. Moissons, jardins. RR. — Trussac près Vannes, Arradon, Ile-aux-Moines.

Fam. 85. — AMARYLLIDÉES.

Narcissus L.

N. pseudo-narcissus L. Bor. nº 2409; Leg. p. 602; Ll. p. 451. Prés, bois. R. — Ploërmel, Plœren, Arradon; Rieux, où il se montre avec le périanthe de la même couleur que la couronne (Var. *concolor* Taslé); Allaire, Saint-Jean-la-Poterie.

N. biflorus Curt. Bor. nº 2412; Leg. p. 603. Prés de la région maritime. R. — Environs de Vannes, Conleau, La Saline, Kermain, etc., où il paraît bien spontané.

Obs. Plusieurs espèces de narcisses, souvent à fleurs doubles, se trouvent dans les prés où leurs bulbes sont transportés avec les engrais.

Pancratium L.

P. maritimum L. Bor. nº 2413; Leg. p. 602; Ll. p. 452. Sables maritimes. RR. — Houat, Hœdic.

Galanthus L.

G. nivalis L. Bor. nº 2416; Leg. p. 604; Ll. p. 452. Bois, bord des haies. RR. — Taillis de l'Oyon près Vannes.

Fam. 86. — IRIDÉES.

Iris L.

I. pseudo-acorus L. Bor. n° 2419; Leg. p. 599; Ll. p. 449. Marécages, bord des eaux. C.

I. fœtidissima L. Bor. n° 2422; Leg. p. 599; Ll. p. 449. Haies, lieux pierreux. AC.

Gladiolus L.

G. illyricus Koch. Bor. n° 2424; Leg. p. 600; Ll. p. 450. Landes. RR. — Belle-île.

Romulea Maratti.

R. Columnæ Seb. et Maur. Bor. n° 2427; Ll. p. 448; *Trichonema Bulbocodium* Leg. p. 598. Pelouses du littoral. AC. — Arradon, etc.

Fam. 87. — DIOSCORÉES.

Tamus L.

T. communis L. Bor. n° 2430; Leg. p. 605; Ll. p. 455. Haies, buissons. C.

Fam. 88. — HYDROCHARIDÉES.

Hydrocharis L.

H. morsus-ranæ L. Bor. n° 2432; Leg. p. 582; Ll. p. 420. Eaux stagnantes. PC. — Se trouve surtout sur le littoral : Sarzeau, La Roche-Bernard, etc.

Fam. 89. — ORCHIDÉES.

Serapias L.

S. cordigera L. Bor. n° 2434; Leg. p. 592; Ll. p. 442. Prairies humides. RR. — Le Plessis en Theix, Berric, Surzur.

S. triloba Viv. Bor. n° 2436; Leg. p. 593; Ll. p. 442. Prairies. RR. — Trouvé en 1840 par M. Taslé au Plessis en Theix. Cette plante curieuse est certainement un hybride des *Serapias cordigera* et *Orchis laxiflora*.

Orchis L.

O. Morio L. Bor. nº 2440; Leg. p. 586; Ll. p. 439. Prés, pelouses, landes. CC.

O. ustulata L. Bor. nº 2443; Leg. p. 586; Ll. p. 437. Prés. PC. — Vannes, Conlo, etc.

O. mascula L. Bor. nº 2449; Leg. p. 584; Ll. p. 438. Prés, lisière des bois. PC. — Vallée de Saint-Nolf, etc.

O. alata Fleury. Bor. nº 2451; Leg. p. 585; Ll. p. 439. Prairies humides. R. — Vannes, Arradon, Auray, Hennebont, Arzal, Ploërmel, Pluherlin, forêt de Brambien. — Hybride des *O. Morio* et *laxiflora* auxquels il est toujours mêlé.

O. laxiflora Lam. Bor. nº 2452; Leg. p. 584; Ll. p. 438. Prés humides. C.

O. latifolia L. Bor. nº 2454; Leg. p. 588; Ll. p. 435. Prairies marécageuses. AC. — Luscanen, etc.

O. maculata L. Bor. nº 2456; Leg. p. 587; Ll. p. 435. Prés, landes et bois humides. CC.

O. conopsea L. Bor. nº 2457; Ll. p. 434; *Gymnadenia conopsea* Leg. p. 589. Prairies. AC.

O. viridis All. Bor. nº 2459; Ll. p. 434; *Gymnad. viridis* Leg. p. 589. Prairies humides. R. — Baden, Molac, etc.

O. bifolia L. Bor. nº 2461; Ll. p. 435; *Plathantera bif.* Leg. p. 590. Landes, bord des bois. PC. — Surzur, Napoléonville, Gourin, Lanouée.

O. chlorantha Cust. Ll. p. 435; *O. montana* Bor. nº 2462; *Plat. chlor.* Leg. p. 590. Prairies humides, pelouses. RR. — Mauron, Josselin, Les Salles en Sainte-Brigitte.

Ophrys L.

O. aranifera Sm. Bor. nº 2466; Leg. p. 591; Ll. p. 440. Coteaux maritimes. RR. — Houat, Quibéron.

O. apifera Sm. Bor. nº 2469; Leg. p. 591; L. p. 441. Dunes. RR. — Belle-île, aux Grands-Sables, dunes de Donant.

Epipactis Crantz.

E. palustris Crantz. Bor. n° 2479; Leg. p. 594; Ll. p. 445. Lieux marécageux. RR. — Quibéron, marais du Pargo et de Gouvéro.

E. latifolia All. Bor. n° 2474; Leg. p. 594; Ll. p. 445. Bois secs. RR. — Auray, derrière Kerdrain (Legall, fl.)

Neottia Rich.

N. ovata Rich. Bor. n° 2481; Leg. p. 595; Ll. p. 446. Prés couverts, vallons ombragés. PC. — Auray, Baud, Molac, Ploërmel, Saint-Avé, vallée de Saint-Nolf, etc.

Spiranthes Rich.

S. æstivalis Rich. Bor. n° 2484; Leg. p. 596; Ll. p. 446. Landes humides, prés marécageux. AR. — Auray, Quibéron, Lorient, Ploërmel, Saint-Avé, Luscanen près Vannes.

S. autumnalis Rich. Bor. n° 2485; Leg. p. 596; Ll. p. 447. Pelouses sèches. AC.

Malaxis Sw.

M. paludosa Sw. Bor. n° 2487; Leg. p. 597; Ll. p. 447. Marais, parmi les *Sphagnum*. RR. — Théhillac, Saint-Dolay.

Fam. 90. — CYPÉRACÉES.

Cyperus L.

C. flavescens L. Bor. n° 2488; Leg. p. 632; Ll. p. 473. Bord des eaux, marécages à fond sablonneux. C.

C. fuscus L. Bor. n° 2489; Leg. p. 632; Ll. p. 473. Lieux marécageux. AC.

C. longus L. Bor. n° 2490; Leg. p. 633; Ll. p. 473. Bord des eaux. AC.

Cladium R. Brown.

C. Mariscus R. Br. Bor. n° 2491; *Schœnus Marisc.* Leg. p. 634; Ll. p. 475. Marais tourbeux. R. — Quibéron, Plouhinec, Plœmeur.

Schœnus L.

S. nigricans L. Bor. n° 2492; Leg. p. 633; Ll. p. 474. Marécages maritimes. AC.

Rhynchospora Vahl.

R. alba Vahl. Bor. n° 2493; *Schœnus albus* Leg. p. 634; Ll. p. 474. Marais tourbeux. AC. à l'intérieur.

Eleocharis R. Brown.

E. palustris R. Br. Bor. n° 2495; *Scirpus palust.* Leg. p. 636; Ll. p. 476. Bord des eaux, marais. C.

E. multicaulis Dietr. Bor. n° 2497; *Scirp. multic.* Leg. p. 636; Ll. p. 476. Landes tourbeuses. C.

E. acicularis R. Br. Bor. n° 2499; *Scirp. acicul.* Leg. p. 637; Ll. p. 477. Bord des eaux. C.

Scirpus L.

S. pauciflorus Lightf. Bor. n° 2500; Ll. p. 477; *S. Bœothryon* Leg. p. 638. Lieux tourbeux. R. — Guidel, Gâvre, Quibéron, Arradon.

S. cœspitosus L. Bor. n° 2501; Leg. p. 638; Ll. p. 477. Lieux tourbeux, landes marécageuses. R. — Théhillac, de Molac à Saint-Gravé.

S. fluitans L. Bor. n° 2502; Leg. p. 639; Ll. p. 478. Mares, fossés. C.

S. parvulus Rœm. et Sch. Bor. n° 2503; Leg. p. 637; Ll. p. 478. Marécages salés. AC.

S. setaceus L. Bor. n° 2504; Leg. p. 637; Ll. p. 479. Lieux humides, bord des eaux. AC.

S. Savii Sébast. Bor. n° 2506, Leg. p. 640; Ll. p. 479. Pelouses et rochers humides au bord de la mer. AC.

S. lacustris L. Bor. n° 2508; Leg. p. 641; Ll. p. 479. Marais, rivières. C.

S. Tabernœmontani Gmel. Bor. n° 2509; Leg. p. 642; Ll. p. 480. Marécages de la région maritime. AC.

S. triqueter L. Bor. nº 2511 ; Leg. p. 642 ; Ll. p. 481. Marécages salés. R. — Bord de la Vilaine de Saint-Perreux à Rieux.

S. Rothii Hoppe. Bor. nº 2512 ; Ll. p. 481 ; *S. pungens* Leg. p. 643. Marécages maritimes. R. — Hennebont, Plouhinec, Ile-aux-Moines.

S. Holoschœnus L. Bor. nº 2513 ; Leg. p. 641 ; Ll. p. 481. Sables humides du littoral. RR. — Belle-île.

S. maritimus L. Bor. nº 2514 ; Leg. p. 643 ; Ll. p. 482. Marécages maritimes. AC. Vannes, au Vincin, à la Chênaie, etc.

S. sylvaticus L. Bor. nº 2515 ; Leg. p. 644 ; Ll. d. 482. Ruisseaux ombragés, bord des canaux. AC. — Napoléonville, Josselin, au bord du canal, etc.

Eriophorum L.

E. vaginatum L. Bor. nº 2519 ; Leg. p. 645 ; Ll. p. 483. Marais tourbeux. RR. — Elven, marais à l'ouest de la tour.

E. angustifolium Roth. Bor. nº 2521 ; Leg. p. 645 ; Ll. p. 483. Marais, prés tourbeux. C.

E. gracile Koch. Bor. nº 2522 ; Leg. p. 646 ; Ll. p. 484. Marais. RR. — Théhillac.

Carex L.

A. — Deux stigmates, capsule ovoïde plus ou moins comprimée.

C. pulicaris L. Bor. nº 2525 ; Leg. p. 647 ; Ll. p. 484. Landes et prés tourbeux. AC.

C. disticha Huds. Bor. nº 2527 ; Leg. p. 654 ; Ll. p. 488. Prés marécageux du littoral. R. — Guidel, Plouhinec.

C. arenaria L. Bor. nº 2528 ; Leg. p. 654 ; Ll. p. 489. Sables maritimes. C.

C. divisa Huds. Bor. nº 2529 ; Leg. p. 648 ; Ll. p. 484. Marécages maritimes. AC. — Plœmeur, Gâvre, Étel, Quibéron, embouchure de la Vilaine, etc.

C. vulpina L. Bor. nº 2530; Leg. p. 649; Ll. p. 486. Marécages, fossés, bord des rivières. C.

C. muricata L. Bor. nº 2531; Leg. p. 648; Ll. p. 486. Talus, bords des chemins, lieux pierreux. AC.

C. divulsa Good. Bor. nº 2532; Leg. p. 649; Ll. p. 486. Haies, lieux ombragés. C.

C. teretiuscula Good. Bor. nº 2534; Leg. p. 650; Ll. p. 485. Marais herbeux des dunes. R. — Plœmeur, Belle-île, presqu'île de Quibéron.

C. paniculata L. Bor. nº 2536; Leg. p. 650; Ll. p. 485. Marais. AC.

C. leporina L. Bor. nº 2541; Leg. p. 631; Ll. p. 488. Prés, bords des chemins. C.

C. stellulata Good. Bor. nº 2542; Leg. p. 653; Ll. p. 486. Marécages. C.

C. remota L. Bor. nº 2543; Leg. p. 653; Ll. p. 487. Lieux humides et ombragés. AC.

C. canescens L. Bor. nº 2545; Leg. p. 652; Ll. p. 487. Prairies humides. R. — Vannes, fontaine Saint-Pierre; moulin de Rulliac en Saint-Avé.

C. stricta Good. Bor. nº 2546; Leg. p. 655; Ll. p. 490. Lieux marécageux. R. — Plœmeur, Elven, Muzillac.

C. vulgaris Fries. Bor. nº 2547; Ll. p. 487; *C. cespitosa* Leg. p. 656. Prés marécageux. PC. — Lorient, Plouhinec, Baud, Ploërmel.

C. acuta L. Bor. nº 2548; Leg. p. 657; Ll. p. 491; Marécages. AC.

B. — Trois stigmates, capsule à trois angles.

C. pilulifera L. Bor. nº 2552; Leg. p. 668; Ll. p. 499. Pelouses, landes sablonneuses, bois. C.

C. præcox Jacq. Bor. nº 2554; Leg. p. 668; Ll. p. 498. Bois, pelouses sèches, bords des chemins. C.

C. filiformis L. Bor. n° 2560; Leg. p. 672; Ll. p. 500. Marais tourbeux. RR. — Saint-Dolay.

C. glauca L. Bor. n° 2561; Leg. p. 671; Ll. p. 500. Marécages, landes humides. C.

C. hirta L. Bor. n° 2562; Leg. p. 672; Ll. p. 500. Lieux sablonneux humides. AC.

C. flava L. Bor. n° 2564; Leg. p. 660; Ll. p. 491. Marécages, bord des mares. C.

C. Œderi Ehrh. Bor. n° 2566; Ll. p. 492; *C. flava* Var. *pumila* Leg. p. 662; Lieux sablonneux humides. AC.

C. nitida Host. Bor. n° 2567; Leg. p. 660; Ll. p. 494. Dunes. RR. — Presqu'île de Quibéron, environs de Saint-Pierre (Legall, fl.)

C. extensa Good. Bor. n° 2568; Leg. p. 662; Ll. p. 492. Marécages maritimes. AC. — Plouharnel, etc.

C. punctata Gaud. Bor. n° 2569; Leg. p. 663; Ll. p. 492. Lieux sablonneux humides. RR. — Belle-île, à Port-York.

C. Hornschuchiana Hoppe. Bor. n° 2572; Leg. p. 662; Ll. p. 493. Landes marécageuses, prairies humides. R. — Rieux, Tréhorenteuc, Le Plessis en Theix, Gourin.

C. distans L. Bor. n° 2573; Leg. p. 664; Ll. p. 494. Lieux marécageux, surtout de la région maritime. AC.

C. binervis Sm. Bor. n° 2574; *C. distans* Var. Leg. p. 664; Ll. p. 494. Mêmes lieux, landes humides. AC.

C. lævigata Sm. Bor. n° 2575; Leg. p. 665; Ll. p. 494. Bois humides, prés marécageux. C.

C. depauperata Good. Bor. n° 2576; Ll. p. 495. Bois. RR. — Forêt de Brambien, sur le bord de la route de Saint-Gravé.

C. panicea L. Bor. n° 2579; Leg. p. 666; Ll. p. 495. Landes et prairies marécageuses. C.

C. pallescens L. Bor. n° 2581; Leg. p. 659; Ll. p. 491. Lieux frais ombragés. R. — Auray, Lorient, Ploërmel, Monterblanc, vallée de Saint-Nolf.

C. sylvatica Huds. Bor. n° 2583; Leg. p. 666; Ll. p. 496. Bois, lieux couverts. AC.

C. pseudo-cyperus L. Bor. n° 2585; Leg. p. 667; Ll. p. 497. Marais, bord des étangs. AC.

C. ampullacea Good. Bor. n° 2588; Leg. p. 669; Ll. p. 497. Marais tourbeux. PC. — Plœmeur, tour d'Elven, Molac; Vannes, moulin de Brambec.

C. vesicaria L. Bor. n° 2589; Leg. p. 670; Ll. p. 497. Lieux fangeux, fossés humides. C.

C. riparia Curt. Bor. n° 2593; Leg. p. 670; Ll. p. 497. Marais, bord des rivières. C.

Fam. 91. — GRAMINÉES.

Spartina Schreb.

S. stricta Roth. Bor. n° 2596; Leg. p. 682; Ll. p. 509. Vases baignées par la mer. C.

Cynodon Rich.

C. Dactylon Pers. Bor. n° 2597; Leg. p. 680; Ll. p. 509. Lieux sablonneux de la région maritime. C.

Digitaria Hall.

D. sanguinalis Scop. Bor. n° 2598; Leg. p. 678; *Panicum sanguin.* Ll. p. 502. Bords des chemins, lieux cultivés, jardins. C.

D. filiformis Kœl. Bor. n° 2600; Leg. p. 678; *Panic. filif.* Ll. p. 503. Lieux sablonneux. AR. — Lorient, Gâvre, Auray.

Leersia Sw.

L. oryzoïdes Sw. Bor. n° 2602; Leg. p. 689; Ll. p. 509. Bord des étangs et des rivières. PC. — Vannes, au moulin de Tréhuinec; Baud, Hennebont, Auray, Saint-Dolay, Théhillac, Saint-Perreux.

Calamagrostis Roth.

C. Epigeios Roth. Bor. n° 2605; Leg. p. 695; Ll. p. 514. Haies, bois, vignes. R. — Sucinio, Salarun en Theix.

C. arenaria Roth. Bor. n° 2607; Leg. p. 695; Ll. p. 514. Sables maritimes, dunes. AC. — Hœdic, Gâvre, Quibéron, Locmariaker, Arzon, etc.

Agrostis L.

A. alba L. Bor. n° 2608; Leg. p. 691 ; Ll. p. 511. Lieux frais, bords des chemins. C.

Var. *stolonifera* Leg. et Ll. loc. cit. Sables maritimes. AC.

Var. *maritima* *id.* Dunes. AR.

A. vulgaris With. Bor. n° 2609; Leg. p. 690; Ll. p. 512. Bords des chemins, prés secs. CC.

A. canina L. Bor. n° 2611; Log. p. 692; Ll. p. 512. Prés et landes humides. C.

A. setacea Curt. Bor. n° 2612; Leg. p. 693; Ll. p. 512. Landes. C.

Obs. L'*Agrostis spica-venti* a été indiquée aux environs de Napoléonville où elle n'a pas été revue depuis. C'était probablement une plante accidentellement importée.

Gastridium P. Beauv.

G. lendigerum Gaud. Bor. n° 2616; Leg. p. 696; Ll. p. 515. Lieux secs, champs sablonneux. C.

Milium L.

M. effusum L. Bor. n° 2617; Leg. p. 679; Ll. p. 515. Bois frais et couverts. AR. — Le Plessis près Auray, tour d'Elven, forêts de Lanvaux et de Pont-Callek.

Setaria P. Beauv.

S. verticillata Beauv. Bor. n° 2620; Ll. p. 503; *Panicum verticill.* Leg. p. 676. Champs, jardins. C.

S. viridis Beauv. Bor. n° 2621; Ll. p. 504; *Panic. virid.* Leg. p. 676. Champs cultivés, jardins. C.

S. glauca Beauv. Bor. n° 2622; Ll. p. 504. Champs sablonneux. R. — Ploërmel (Lloyd, fl.)

Panicum L.

P. Crus-galli L. Bor. nº 2625 ; Leg. p. 675; Ll. p. 503. Bord des eaux, terrains cultivés frais. C.

Obs. On cultive abondamment sur certains points du littoral le *P. miliaceum* L. vulg. *Mil.*

Phalaris L.

P. arundinacea L. Bor. nº 2626; Leg. p. 686; Ll. p. 505. Prés humides, bord des rivières et des canaux. C.

P. minor Retz. Bor. nº 2627; Leg. p. 686; Ll. p. 504. Champs et jardins de la région maritime. R. — Belle-île, Hœdic, Plœmeur, Gâvre, Sarzeau, Vannes.

Phleum L.

P. arenarium L. Bor. nº 2629; Leg. p. 683; Ll. p. 508. Sables maritimes. C.

P. pratense L. Bor. nº 2631 ; Leg. p. 683; Ll. p. 508. Prés, bords des chemins. C.

Var. *nodosum* Leg. et Ll. loc. cit. Pelouses sèches, rochers maritimes. AC.

Polypogon Desf.

P. monspeliensis Desf. Bor. nº 2636 ; Leg. p. 697 ; Ll. p. 510. Marécages maritimes. AC.

P. maritimus Widn. Bor. nº 2637 ; Leg. p. 698; Ll. p. 510. Marécages des bords de la mer. R. — Larmor en Plœmeur, Gâvre, Séné, Pénestin.

P. littoralis Sm. Bor. nº 2638; Leg. p. 698; Ll. p. 511. Marécages maritimes. RR. — Auray, Séné, La Roche-Bernard.

Lagurus L.

L. ovatus L. Leg. p. 696; Ll. p. 513. Sables maritimes. RR. Houat, Hœdic.

Alopecurus L.

A. pratensis L. Bor. nº 2639; Leg. p. 684; Ll. p. 506. Prairies. C.

A. bulbosus L. Bor. nº 2640; Leg. p. 685; Ll. p. 506. Prés des bords de la mer. AC.

A. agrestis L. Bor. nº 2641; Leg. p. 684; Ll. p. 506. Champs cultivés. AC.

A. geniculatus L. Bor. nº 2642; Leg. p. 685; Ll. p. 506. Fossés humides, lieux mouillés l'hiver. C.

A. fulvus Sm. Bor. nº 2643; Leg. p. 686; Ll. p. 506. Marais, flaques d'eau. AC.

Anthoxanthum L.

A. odoratum L. Bor. nº 2648; Leg. p. 687; Ll. p. 505. Prés, pelouses. CC.

A. Puelii Lecoq. Bor. nº 2650; *A. aristatum* Leg. p. 688; Ll. p. 505. Moissons. AC. — Plante annuelle.

A. Lloydii Jord. Bor. nº 2651; *A. aristatum* Var. *nanum* Leg. et Ll. loc. cit. Dunes, rochers maritimes. AR. — Belle-île, Houat, Groix, Gâvre, Quibéron, La Roche-Bernard, rochers à l'extrémité du pont.

Melica L.

M. uniflora Retz. Bor. nº 2652; Leg. p. 701; Ll. p. 525. Bois, coteaux ombragés. AC.

Airopsis Desv.

A. agrostidea Dec. Bor. nº 2656; Leg. p. 702; Ll. p. 520. Lieux marécageux. R. — Guégon, Questembert, Saint-Dolay, Saint-Perreux.

Aira L.

A. canescens L. Bor. nº 2657; Ll. p. 518; *Corynephorus can.* Leg. p. 703. Sables maritimes. AR. — Pénestin, etc.

A. cespitosa L. Bor. nº 2658; Leg. p. 704; Ll. p. 518. Fossés, bois humides. AC.

A. flexuosa L. Bor. nº 2660; Leg. Obs. p. 705; Ll. p. 519. Bois. RR. — Forêt de Paimpont.

A. uliginosa Weihe. Bor. nº 2663; Leg. p. 704; Ll. p. 519. Marais, landes tourbeuses. AC.

A. caryophyllea L. Bor. nº 2664; Leg. p. 705; Ll. p. 520. Lieux sablonneux, talus. C.

A. plesiantha Jord. Bor. nº 2666; Arr. Bull. Soc. polym. 1864, p. 56. Champs sablonneux. AC.

A. multiculmis Dumort. Bor. nº 2668; Arr. Bull. Soc. polym. 1863. Champs, pelouses. AC.

A. præcox L. Bor. nº 2669; Leg. p. 705; Ll. p. 520. Landes, pelouses, talus. AC.

Holcus L.

H. lanatus L. Bor. nº 2670; Leg. p. 699; Ll. p. 521. Champs, prairies. CC.

H. mollis L. Bor. nº 2671; Leg. p. 699; Ll. p. 521. Bois, lieux ombragés. AC.

Arrhenaterum P. Beauv.

A. elatius Gaud. Bor. nº 2672; Leg. p. 700; Ll. p. 521. Prairies. RR. — Kernevel près de Lorient (Legall, fl.)

A. bulbosum Presl. Bor. nº 2673; Leg. p. 701; Ll. p. 521. Haies, moissons. CC.

Avena L.

A. flavescens L. Bor. nº 2675; Leg. p. 706; Ll. p. 524. Haies, prés secs, coteaux de la région maritime. AC.

A. strigosa Schreb. Bor. nº 2685; Leg. p. 709; Ll. p. 522. Moissons. AC.

A. hirsuta Roth. Ll. p. 522; *A. barbata* Bor. nº 2687. Champs, bords des chemins, rochers, dans la région maritime. AC.

A. fatua L. Bor. nº 2689; Leg. p. 708; Ll. p. 522. Moissons. AC.

Obs. On cultive abondamment l'*A. sativa* L. qui offre plusieurs variétés.

Danthonia Dec.

D. decumbens Dec. Bor. nº 2690; Leg. p. 710; Ll. p. 524. Bois, landes. C.

Bromus L.

B. secalinus L. Bor. nº 2691 ; Leg. p. 742; Ll. p. 535. Moissons. PC. — Guer, Carentoir (M. Taslé).

B. racemosus L. Bor. nº 2693; Leg. p. 743; Ll. p. 536. Prairies. C.

B. mollis L. Bor. nº 2694; Leg. p. 744; Ll. p. 536. Champs, prés, bords des chemins. CC.

B. molliformis Lloyd. Bor. nº 2695; Ll. p. 330; *B. mollis* Var. Leg. p. 745. Sables, talus de la région maritime. C.

B. arvensis L. Bor. nº 2696; Ll. p. 537. Prairies. RR. — La Chênaie en Arradon (M. Taslé).

B. asper L. Bor. nº 2698; Leg. p. 745; Ll. p. 538. Haies, lieux couverts. AC.

B. gigantous L. Bor. nº 2699; Leg. p. 745; Ll. p. 538. Coteaux boisés. RR. — Baud (Legall, fl.)

B. erectus Huds. Bor. nº 2700; Leg. p. 746; Ll. p. 538. Prairies. RR. — La Chênaie en Arradon.

B. sterilis L. Bor. nº 2702; Leg. p. 747; Ll. p. 539. Haies, lieux incultes, murs. C.

B. madritensis L. Bor. nº 2704; Leg. p. 748; *B. diandrus* Ll. p. 539. Murs, lieux pierreux près de la mer. C.

B. maximus Desf. Bor. nº 2705; *B. rigidus* Leg. p. 747; Ll. p. 539. Murs, lieux sablonneux. PC. — Lorient, Hennebont, Quibéron, Vannes.

Brachypodium P. Beauv.

B. sylvaticum P. Beauv. Bor. nº 2707; Leg. p. 740; Ll. p. 534. Haies, lieux couverts, talus buissonneux. AC.

B. pinnatum P. Beauv. Bor. nº 2708; Leg. p. 741; Ll. p. 535. Haies, buissons, lieux pierreux, près de la mer. C.

Festuca L.

F. Poa Kunth. Bor. nº 2709; Leg. p. 727; Ll. p. 534. Vieux murs, rochers, landes sablonneuses. AC.

F. tenuicula Link. Bor. n° 2710; Leg. p. 728; Ll. p. 534. Pelouses sèches, rochers. AC.

F. tenuiflora Schrad. Bor. n° 2711; Leg. p. 728; Ll. p. 533. Murs, terrains sablonneux. R. — Hennebont, Ploërmel.

F. Rottboellioïdes Kunth. Bor. n° 2712; Leg. p. 729; *Poa loliacea* Ll. p. 526. Murs du littoral, sables maritimes, dunes. AC.

F. uniglumis Aït. Bor. n° 2713; Ll. p. 530; *F. bromoïdes* Leg. p. 730. Sables maritimes, dunes. AC.

F. sciuroïdes Roth. Bor. n° 2714; Leg. p. 733; Ll. p. 531. Prés, bords des champs et des chemins. C.

F. pseudo-myuros S. Wilm. Bor. n° 2715; Leg. p. 732; Ll. p. 531. Lieux secs, murs, terrains sablonneux. CC.

F. ciliata Dec. Bor. n° 2716; Ll. p. 531; *F. myuros* Leg. p. 731. Murs, lieux sablonneux du littoral. AR. — Belle-île, Groix, Port-Louis, Auray, Quibéron, Sarzeau, Baden.

F. tenuifolia Sibth. Bor. n° 2718; Ll. p. 531; *F. ovina* Var. Leg. p. 735. Landes, pelouses sèches. C.

Obs. Je ne pense pas que la véritable *F. ovina* L. croisse dans notre département.

F. duriuscula L. Bor. n° 2719; Leg. p. 735; Ll. p. 532. Murs, lieux secs, coteaux arides. C.

Obs. Sur les bords de la mer, cette plante se montre souvent avec des feuilles et des panicules glauques.

F. rubra L. Bor. n° 2720; Leg. p. 736; Ll. p. 532. Pâturages, bord des bois. C.

F. heterophylla Lam. Bor. n° 2722; Leg. p. 736; Ll. p. 532. Bois couverts, lieux ombragés. AC.

F. arenaria Osbeck. Bor. n° 2723; *F. dumetorum* Ll. p. 532; *F. rubra* Var. *arenaria* Leg. p. 737. Sables maritimes. AC. Quibéron, Belle-île, etc.

F. arundinacea Schreb. Bor. n° 2727; Leg. p. 739; Ll. p. 533. Prairies humides, bord des eaux. AC.

F. pratensis Huds. Bor. nº 2728; Leg. p. 739; Ll. p. 533. Prairies et landes humides. C.

F. rigida Kunth. Bor. nº 2729; Leg. p. 730; Ll. p. 533. Lieux secs, vieux murs, dunes. C.

F. cœrulea Dec. Bor. nº 2730; *Molinia cœrul.* Leg. p. 716 *Melica cœrul.* Ll. p. 525. Bois, landes humides. C.

Var. *altissima; Molinia altiss.* Link. Taille plus élevée, fleurs verdâtres, nullement violacées. R. — Environs de Vannes, à la Chênaie.

Phragmites Trin.

P. communis Trin. Bor. nº 2731 ; Leg. p. 712; Ll. p. 516. Marais, bord des eaux. C.

Dactylis L.

D. glomerata L. Bor. nº 2732; Leg. p. 713; Ll. p. 529. Haies, prés. CC.

D. hispanica Roth. Bor. nº 2733 ; *D. glomerata* Var. Leg. et Ll. loc. cit. Dunes, rochers au bord de la mer. AC.

Kœleria Pers.

K. albescens Dec. Bor. nº 2736; *K. cristata* Leg. p. 710 ; Ll. p. 517. Sables maritimes. AC.

Glyceria R. Br.

G. spectabilis Mert. et Koch. Bor. nº 2739; Leg. p. 718; Ll. p. 528. Bord des eaux. R. — Plœmeur, Billiers.

G. fluitans R. Br. Bor. nº 2740; Leg. p. 719; Ll. p. 528. Mares, fossés. CC.

G. maritima Mert et Koch. Bor. nº 2742; Leg. p. 719; Ll. p. 528. Prés salés, marécages maritimes. AC.

G. distans Wahlenb. Bor. nº 2743; Leg. p. 720; Ll. p. 529. Marécages maritimes. AC.

G. procumbens Sm. Bor. nº 2744; Leg. p. 721 ; Ll. p. 529. Lieux sablonneux humides des bords de la mer. PC. — Auray, Plœmeur, Séné, Sucinio, Damgan.

G. airoïdes Reich. Bor. nº 2745; Leg. p. 722; Ll. p. 529. Marais, fossés, flaques d'eau. AC.

Poa L.

P. compressa L. Bor. nº 2747; Leg. p. 726; Ll. p. 528. Sables, vieux murs. RR. — Port-Louis (Legall, fl.)

P. pratensis L. Bor. nº 2750; Leg. p. 725; Ll. p. 527. Prés, pâturages. C.

P. angustifolia L. Bor. nº 2751 ; *P. pratensis* Var. Leg. p. 726. Pelouses sèches, murs. R. — Auray, Pontscorff.

P. trivialis L. Bor. nº 2752 ; Leg. p. 725; Ll. p. 527. Prairies, lieux humides. C.

P. nemoralis L. Bor. nº 2754; Leg. p. 724; Ll. p. 527. Bois, lieux couverts. AC.

P. bulbosa L. Bor. nº 2755; Leg. p. 725; Ll. p. 527. Lieux secs, murs, dunes. AC.

P. annua L. Bor. nº 2757; Leg. p. 722; Ll. p. 527. Lieux incultes et cultivés, partout. CC.

Briza L.

B. media L. Bor. nº 2760; Leg. p. 715; Ll. p. 530. Prairies. C.

B. minor L. Bor. nº 2761 ; Leg. p. 717; Ll. p. 525. Moissons des terrains sablonneux. AC.

Cynosurus L.

C. cristatus L. Bor. nº 2762: Leg. p. 715; Ll. p. 530. Prairies. C.

C. echinatus L. Leg. p. 715; Ll. p. 530. Landes, bord des champs dans la région maritime. RR. — Groix, Ile-aux-Moines, Arzon.

Chamagrostis Borkh.

C. minima Borkh. Bor. nº 2765; Leg. p. 681; Ll. p. 508. Dunes, pelouses sèches des bords de la mer. C. Manque à l'intérieur.

Nardus L.

N. stricta L. Bor. nº 2766; Leg. p. 767; Ll. p. 545. Landes, marais découverts. AC.

Lepturus R. Br.

L. incurvatus Trin. Bor. nº 2767; Leg. p. 766; Ll. p. 544. Prés salés, vases et rochers maritimes. AC.

L. filiformis Trin. Bor. nº 2768; *L. incurvatus* Var. Ll. loc. cit. Mêmes stations. AC. — Vannes, Auray, etc.

Gaudinia P. Beauv.

G. fragilis P. Beauv. Bor. nº 2769; Leg. p. 750; Ll. p. 540. Prés, bord des champs. AR. — Lorient, Quibéron, Carnac, Surzur.

Agropyrum P. Beauv.

A. junceum P. Beauv. Bor. nº 2775; *Triticum junceum* Leg. p. 761; Ll. p. 541. Dunes. AC.

A. acutum Rœm. et Sch. Bor. nº 2776; *Trit. acutum* Leg. p. 759. Bord des bras de mer, parties humides des dunes. C.

A. pungens Rœm. et Sch. Bor. nº 2777; *Trit. macrostachyum* Leg. p. 760? Dunes. R. — Gâvre, Plœmeur.

A. pycnanthum Godr. Bor. nº 2778; *T. repens* Var. *glaucum* Leg. p. 758. Sables maritimes, talus du littoral. AC.

A. repens P. Beauv. Bor. nº 2781; *Trit. repens* Leg. p. 758; Ll. p. 540. Haies, champs cultivés. C.

A. caninum Rœm. et Sch. Bor. nº 2782; *Trit. caninum* Leg. p. 757; Ll. p. 540. Haies fraîches, lieux couverts. RR. — Ploërmel.

Obs. Le genre *Agropyrum* comprend toutes les espèces sauvages et vivaces du *Triticum* de Linné. On ne conserve plus dans le genre *Triticum* (froment) que les espèces annuelles et cultivées. C'est principalement sur la côte que le froment est cultivé dans notre département. Ses nombreuses variétés se rapportent soit au *T. sativum* Lam. soit au *T. turgidum* L.

2e obs. Le genre *Secale* L. (seigle) ne comprend qu'une seule espèce (*Secale cereale*) qui est abondamment cultivée dans les terrains maigres de l'intérieur.

Hordeum L.

H. murinum L. Bor. n° 2789; Leg. p. 765; Ll. p. 542. Lieux arides, bords des chemins, pied des murs. C.

H. secalinum Schreb. Bor. n° 2790; Leg. p. 765; *H. pratense* Ll. p. 542. Prairies du littoral. PC. — Muzillac, Surzur, Rieux au bord de l'Oust.

H. maritimum With. Bor. n° 2791; Leg. p. 765; Ll. p. 542. Lieux arides et pâturages dans la région maritime. C.

Obs. L'orge n'est cultivée qu'en petite quantité dans le département, sous le nom de *Paumelle.*

Lolium L.

L. tenue L. Bor. n° 2792; *L. perenne* Var. Leg. p. 751. Lieux arides. AC.

L. perenne L. Bor. n° 2793; Leg. p. 751; Ll. p. 542. Prés, bords des chemins. CC.

Obs. Le *L. italicum* est une espèce cultivée sous le nom de Ray-grass qui se propage çà et là.

L. rigidum Gaud. Bor. n° 2795; Ll. p. 543. Champs, prés secs. RR. — Belle-île (Lloyd, fl.)

L. multiflorum Lam. Bor. n° 2796; Leg. p. 752; Ll. p. 543. Moissons. AC.

L. linicola Sond. Bor. n° 2797; Ll. p. 543. Champs de lin. RR. — Carentoir.

L. temulentum L. Bor. n° 2798; Leg. p. 753; Ll. p. 543. Moissons. C.

FAM. 92. — TYPHACÉES.

Typha L.

T. latifolia L. Bor. n° 2800 ; Leg. p. 580 ; Ll. p. 431. Étangs, marais. AC.

T. angustifolia L. Bor. n° 2802 ; Leg. p. 580 ; Ll. p. 431. Étangs, marais. PC. — Vannes, Lorient, Belle-île, bords du canal à Sainte-Brigitte.

Sparganium L.

S. ramosum Huds. Bor. n° 2803 ; Leg. p. 581 ; Ll. p. 432. Marais, fossés. C.

S. simplex Huds. Bor. n° 2804 ; Leg. p. 581 ; Ll. p. 432. Marais, ruisseaux, fossés. AC.

S. minimum Bauh. Bor. n° 2805 ; *S. natans* Ll. p. 432. Marais, fossés. RR. — La Vacherie près Saint-Perreux (Desmars, Cat. des environs de Redon).

FAM. 93. — LEMNACÉES.

Lemna L.

L. trisulca L. Bor. n° 2806 ; Leg. p. 575 ; Ll. p. 430. Submergé dans les eaux pures et tranquilles. AC.

L. polyrhiza L. Bor. n° 2807 ; Leg. p. 576 ; Ll. p. 430. Flottante sur les eaux dormantes. AC.

L. minor L. Bor. n° 2808 ; Leg. p. 576 ; Ll. p. 430. Mares, fossés. CC.

L. gibba L. Bor. n° 2809 ; Leg. p. 576 ; Ll. p. 430. Mares, fossés. AC.

L. arrhiza L. Bor. n° 2810 ; Ll. p. 430 ; *Wolfia Michelii* Leg. p. 577. Eaux tranquilles. R. — Auray, Lorient, Sucinio en Sarzeau, etc.

Fam. 94. — AROIDES.

Arum L.

A. maculatum L. Bor. nº 2811 ; Leg. p. 578 ; Ll. p. 433. Haies, lieux couverts. AC.

A. Italicum Mill. Bor. nº 2812 ; Leg. obs. p. 598 et 837 ; Ll. p. 431. Haies, lieux couverts, surtout de la région maritime. C.

Acorus L.

A. Calamus L. Bor. nº 2813 ; Leg. obs. p. 579 ; Ll. p. 433. Prés humides, bord des rivières. RR. — Bords de la Vilaine à Rieux.

www.ingramcontent.com/pod-product-compliance
Ingram Content Group UK Ltd.
Pitfield, Milton Keynes, MK11 3LW, UK
UKHW020917180726
13838UKWH00002B/604

9 782329 462554